大田自动灌溉理论与技术

王春堂　著

黄 河 水 利 出 版 社

·郑 州·

内 容 提 要

本书在试验研究的基础上，提出了新型波涌流自动灌溉系统及其理论与技术、管道均匀回退自动灌溉系统及其理论与技术、大田水肥一体化自动灌溉系统及其理论与技术，解决了大田灌溉均匀度和高效控水灌溉问题；研发了叠套式取水闸门、前倾式取水闸门、扇形空心取水闸门及前倾式自动衡量取水闸门，介绍了其工作原理、特点，解决了引取水源表层水流，水温较高，减少泥沙引入的问题；本书还介绍了泵站新型充水装置，解决了无真空泵充水系统的泵站充水问题。

本书可供从事灌溉农业、农田水利及水利工程等方面研究和生产技术人员参考，也可作为高等院校有关学科研究生教学的参考书。

图书在版编目(CIP)数据

大田自动灌溉理论与技术/王春堂著. —郑州：黄河水利出版社，2016. 5

ISBN 978 - 7 - 5509 - 1436 - 0

Ⅰ. ①大… Ⅱ. ①王… Ⅲ. ①自流灌溉 Ⅳ. ①S275. 2

中国版本图书馆 CIP 数据核字(2016)第 117558 号

出 版 社：黄河水利出版社

地址：河南省郑州市顺河路黄委会综合楼 14 层　　邮政编码：450003

发行单位：黄河水利出版社

发行部电话：0371 - 66026940、66020550、66028024、66022620(传真)

E-mail：hhslcbs@126. com

承印单位：河南新华印刷集团有限公司

开本：787 mm × 1 092 mm　1/16

印张：8. 25

字数：190 千字　　印数：1—1 000

版次：2016 年 5 月第 1 版　　印次：2016 年 5 月第 1 次印刷

定价：25. 00 元

前 言

水是生命之源,水资源是国民经济和社会发展的重要基础资源。然而,我国人均水资源占有量低,且时空分布很不均匀,南方分布较多而北方较少;夏秋季降水量较多,冬春季较少。如我国华北、西北、东北地区占全国国土面积的50%以上,但水资源量仅占我国总量的20%左右。近年来,随着人口的增加、经济建设快速发展和城市化水平的提高,水资源供需矛盾日益突出,干旱缺水和水资源短缺已成为我国社会发展的重要制约因素,缺水的同时,加剧了生活环境、生态环境的恶化。适宜的灌溉技术是解决我国农业灌溉问题的关键。

地面灌溉技术是一种古老的灌溉技术,大约有4 000年的历史。尽管喷灌、微灌等先进灌溉技术得到了较快发展,但地面灌溉具有田间工程简单、能耗低、实施管理简便、投资省等优点,对于大多数大田作物,地面灌溉仍然是一种最适宜的灌溉方法。截至目前,全世界地面灌溉面积仍占总灌溉面积的90%以上。尽管我国从20世纪五六十年代开始研发现代的节水灌溉技术,使喷灌、微灌、管灌等先进灌溉技术得到了较快发展,但推广面积却为数较少,目前我国大田作物灌溉主要以地面灌溉为主,约占全国总灌溉面积的97%,地面灌溉仍显示出特有的优越性。因此,地面灌溉是一种既古老又具有较强生命力的灌溉技术。可以预见,在今后较长的一段时间内,地面灌溉仍然占绝对的主导地位。

传统的地面灌溉技术存在着深层渗漏严重、灌水均匀度差、耗水量大等缺点,同时对肥料的淋失作用大,造成严重的水肥浪费,污染了环境,需要进行不断改进和完善。随着网络技术的发展、土地的流转、集约化经营、大型农业机具的使用、激光控制平地技术的应用,以及田间管道化输水灌溉技术的发展,地面灌溉技术正在发生巨大的改变,灌水均匀度和灌水利用率等方面都有很大提高。

目前,我国农业灌溉用水量占国民经济生产总用水量的70%左右,用水量巨大,为了减少农业生产用水,近几年,我国对大中型灌区进行节水技术改造,对各级渠道进行了防渗处理,同时在多个省份,如山东、山西、河南、河北等省大力推广了低压管道输水灌溉技术,解决了灌溉水源的输配问题,提高了渠系水利用率和管网水利用率,但田间灌溉技术都还以传统的地面灌溉为主,水量浪费仍然巨大。所以,要提高我国灌溉水利用效率,除通过渠道防渗、管道输配水等措施外,一个重要的节水途径就是改进地面灌溉技术,提高田间水利用系数,对于缓解我国水资源短缺现状、节约利用水资源具有十分重要的现实意义。

本书在大田灌溉试验及室内试验研究的基础上,汇集了近几年来作者在地面灌溉技术方面的新技术,旨在探讨我国地面节水灌溉新技术的发展,实现地面灌溉的自动化,解决大田地面灌溉条件下的水肥一体化问题,使灌溉、施肥、施药更合理、更科学,从而节约水资源,提高水肥利用效率。

全书共分为五章,主要内容包括绪论、新型取水闸门及泵站充水技术、新型波涌流灌溉理论与技术、田间管道均匀回退灌溉理论与技术、大田水肥一体化自动灌溉理论与技术。

本书编写分工如下：第一、五章由王春堂撰写；第二章由王世龑撰写；第三章由高范华、王世龑、王俊岩、孙玉霞、张立军、王光辉、陈军撰写；第四章由王晓迪、王世龑撰写。全本由王春堂统稿。

本书中的相关试验项目研究，在山东农业大学南校区“山东农业大学试验站”及山东聊城刘集试验区进行，试验期间得到了史春余教授、王庆铁站长、纪昌芳主任等专家教授的大力支持，对研究项目的完成起到了重要的作用，另外在撰写过程中，得到了山东农业大学水利土木工程学院张庆华教授等专家和领导的指导和帮助，在此一并表示衷心的感谢。

王春堂

2016 年 2 月

目　录

第一章　绪　论

水资源是基础自然资源，是生态环境的控制性因素之一，是人类社会一切生产、生活的物质基础。随着社会的进步和经济的发展，人类对水资源的需求越来越大，20 世纪是人类有史以来发展最快的一个世纪，世界人口增加了 4 倍，工业生产总值增加了 50 倍，水资源消耗增长了 100 多倍，全球用水量达到水资源总量的 20%，已经逼近水资源开发的最大潜力。跨入 21 世纪以来，全球用水量每年大致以 5% 的速度增加，水资源危机日益加剧。水资源短缺不仅是社会经济持续发展和生态环境保护的重要限制因素，甚至可能成为影响全球安定的重要因素。

我国位于亚欧大陆东侧，濒临太平洋，国土面积 960 万 km^2，耕地面积为 18.24 亿亩[1]。地形复杂、气候多样。但我国是一个水资源短缺、水旱灾害频繁发生的国家，多年平均降水总量达 61 900 亿 m^3，扣除地表水及地下水重复计算部分，水资源（狭义）总量为 28 100 亿 m^3，居世界第六位，但人均水资源占有量只有 2 200 m^3，仅为世界平均水平的 1/4左右，且时空分布极不均匀，人均占有水土资源量远远低于世界平均水平，居世界第 109 位，是世界上 13 个严重缺水的国家之一（按国际上一般承认的标准，人均水资源量少于1 700 m^3为用水紧张的国家），因此中国工程院项目组（2000）指出我国未来的水资源形势非常严峻。

我国秦岭山脉和淮河以南通称南方，年降雨量一般为 800 ~ 2 000 mm，无霜期一般为 220 ~ 300 d，作物以水稻、小麦为主，一年至少两熟。其中南岭山脉以南的华南地区，年降雨量为 1 400 ~ 2 000 mm，终年很少见霜，一年可三熟。南方雨量虽较丰沛，但由于降雨的时程分配与作物需水要求不够适应，经常出现不同程度的春旱或秋旱，故仍需灌溉。长江中下游平原低洼地区、太湖流域河网地区以及珠江三角洲等地，汛期外河水位经常高于地面，内水不能自流外排，洪水和渍涝威胁比较严重。

淮河以北通称北方，年降雨量一般少于 800 mm，属于干旱或半干旱地区。干旱地区年降雨量少，仅为 100 ~ 200 mm，有的地方几乎终年无雨，而年均蒸发量为 1 500 ~ 2 000 mm，远远超过降雨量。大部分地区若没有灌溉就很难保证农、牧生产的进行。半干旱地区的主要作物有棉花、小麦、玉米和豆类，水稻也有一些。这一地区农业生产的突出问题是由于降雨量在时间上分布不均、水利资源与土地资源不相适应等形成的旱涝灾害问题。所以，我国南方水多、北方水少。

我国农田水利事业面临着严重的挑战，干旱频繁，水资源短缺现象突出。我国北方还普遍存在不同程度的地下水超采问题。水污染尚未得到有效控制，相当一部分水源污染、水质不达标，影响人民群众的生命健康。工业和城市用水增长较快，挤占灌溉用水趋势加

---

[1] 1 亩 = 1/15 hm^2，下同。

剧。所以,必须加快节水农业技术的发展。

目前,我国已经对全国的灌区进行了节水技术改造,主要的措施有:一是渠道防渗节水技术,防渗效益最大,工艺技术比较成熟,所用的材料通常有土料、石料、水泥土、混凝土、沥青混凝土及土工膜,以使防渗层起到防渗节水的作用。适当的防渗处理,通常能够减少90%左右的渗漏量。二是管道输水灌溉技术,管道输水灌溉是一种节水灌溉方法,主要为了减少输水损失,其优点有省工、省地,减少渗漏与蒸发,利于耕作,便于交通,管理维修简单,能够节水20%~30%。

农田水利是农民群众最关心、最直接、最现实的利益问题,加快农田水利建设,是确保农业增产、农民增收的重要途径。2015年11月24日,中共中央政治局常委、国务院总理李克强到水利部考察并主持召开座谈会时指出:要加强农田水利建设,完善末级渠系,加快解决农田灌溉"最后一公里"问题。所以,在解决了渠道防渗、管道输配水工程的基础上,急需解决田间地面灌溉的问题,以提高地面节水灌溉技术,实现整个灌溉系统的最优化,实现节水农业。

第一节　地面灌溉技术

目前,我国大田灌溉输配水主要是渠道输配水和管道输配水两种方式,灌溉方式主要采用地面灌溉(畦灌、沟灌、格田灌溉等)、喷灌及局部灌溉(如滴灌、微喷灌、波涌流灌溉)、"小白龙"灌溉、膜上灌等。但由于喷灌、局部灌溉及膜上灌等灌溉需要较大投资,受资金和设备条件的限制,在短期内难以大力发展有压管道灌溉系统。所以,实践中以地面灌溉为主。

一、地面灌溉

地面灌溉是古老的灌水方法,也是当今世界上最常见的灌水方法,可以利用灌水沟、灌水畦或格田等田间工程进行灌溉。地面灌溉是指灌溉水引入农田后,在田面上流动的过程中,形成浅薄水层或细小水流,借助重力和毛管力作用渗入土壤,从而浸润土壤的灌溉方法,又称重力灌水方法。地面灌溉有两个特征:一是受重力作用,灌溉水流具有自由水面;二是依靠田面本身输送和分配水量。

地面灌溉也存在着较大的不利点,如容易造成表层土壤板结而破坏土壤团粒结构、畦(沟)首易产生深层渗漏,灌水均匀度较差,灌水质量不易保证,田间水的利用率较低,投入劳力多,用水管理不便,平整土地工作量大等。为了提高灌水质量,除要求有完整的田间输水渠系外,还需确定合理的灌水畦、灌水沟和格田的规格,以及要求对土地进行精细平整,在灌水畦、沟纵向和横向上有足够的平整度。灌水时还要确定适宜的入畦流量、入沟流量和封口成数(封口时水流达到整个畦沟长度的成数)。

然而,地面灌溉要求的田间工程设施简单、投资省、易于实施,在许多情况下,地面灌溉是一种有效的灌溉方法,在适当的田间工程条件下,良好的设计和管理可以使地面灌溉达到与有压灌溉相近的灌水效率,并且有可以实现灌溉自动化从而降低劳动强度的潜力,地面灌溉仍是一种最经济的灌溉方法,至今仍为世界各国广泛采用。

二、地面灌溉的主要类型

按照湿润土壤方式的不同，地面灌溉可分为畦灌、沟灌、波涌流灌溉等方法。

(一)畦灌

1.畦灌技术

利用土垄(田埂)将灌溉土地(田块)分隔成一系列长方形的条形(狭长)地块，形成灌水畦，即畦田。畦灌是灌溉水由渠系引入畦田，水流在畦田上形成薄水层，沿畦长坡度方向流动，水在流动的过程中主要借重力作用渗入并湿润土壤的灌水方法，如图1-1所示。畦灌比较适宜于密植条播的粮食作物(如小麦、谷子等)、某些蔬菜及牧草等作物的灌溉。

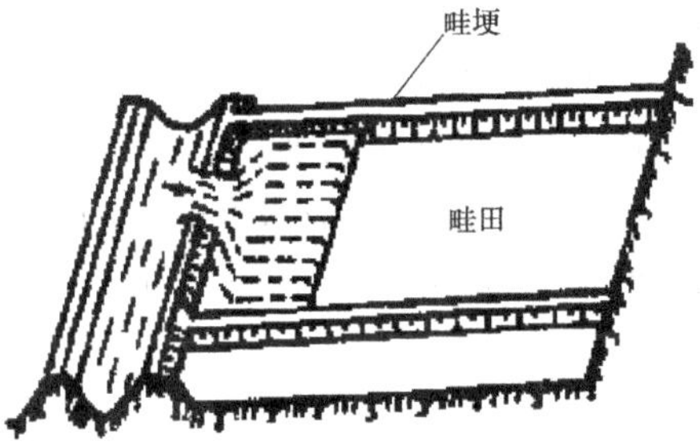

图1-1　畦灌示意图

依据地形条件、考虑耕作方向，布置形式有两种：①顺坡畦灌：地面坡度较小，畦田长边方向沿最陡地面坡度方向(即大体垂直于等高线方向)布置的，称顺坡畦灌；②横坡畦灌：地面坡度较大，为避免田面水流过快，畦长方向与等高线大体平行布置的，称横坡畦灌。依据畦田末端是否封闭，有封闭和不封闭两种形式，一般宜采用畦尾封闭形式。依据畦田长度不同，有长畦灌和短畦灌两种。通常畦长大于80 m的称为长畦灌，畦长小于80 m的为短畦灌或小畦灌。一般短畦灌较长畦灌省水，作物产量也较高。但在一些发达国家，由于土地平整技术水平及农业机械化程度较高，畦田规格趋向于加大，畦长可达300～500 m。一般长畦灌的田间灌水有效利用率小于0.7，短畦灌的田间灌水有效利用率可达0.8以上。

畦田规格对灌水质量的好坏、灌水效率的高低、土地平整工作量的多少，以及对田间渠网的布置形式和密度与畦埂占地面积等影响很大。

畦田在灌水方向上应有一定的坡度，以保证灌溉水量能由畦首流向畦尾，并使灌水尽量均匀。为了便于水流推进，最小坡度为0.05%；为防止土壤侵蚀，最大坡度不超过2%。一般适宜的畦田田面坡度 i 为0.001～0.005。对于水平畦灌，要求田面各方向的坡度都很小(坡度≤0.03%)或为零。

畦宽主要取决于畦田的土壤性质和农业技术要求，以及农业机具的宽度。通常，畦宽多按当地农业机具宽度的整倍数确定，一般为2～3 m，传统畦灌法的畦宽一般都要求最宽不宜大于4 m，每亩5～10个畦田。在水源流量小时或井灌区，为了迅速在整个畦田面上形成流动的薄水层，一般畦田的宽度较小，多为0.8～1.2 m。

畦长应根据畦田纵坡、土壤质地及土壤透水性能、土地平整情况和农业技术条件等合理确定。畦田田面坡度大的畦长宜短，纵坡小的畦长可稍长；砂质土壤，土壤透水性能强，畦田长度宜短；粉质土壤，土壤透水性能弱，畦长可以稍长；总之，畦田的长短应以畦田田面灌水均匀，并尽量使湿润土壤均匀，筑畦省工，畦埂少占地，便于农业机具工作和田间管理为宜。若畦田过长，往往会使畦首、畦尾灌水很难一致，土壤湿润更不易均匀。

目前我国自流灌区，一般传统畦灌法的畦长以50～100 m为宜，以保证灌水的均匀性。在提水灌区和井灌区，畦长应短一些，一般为 30 ~50 m。畦埂断面一般为三角形，畦埂高 0.2 ~0.25 m，底宽 0.3 ~0.4 m，引浑水灌溉的地区应适当加大些。

畦埂是临时性的，应与整地、播种相结合，最好采用筑埂器修筑。对于密植作物，畦埂也可以进行播种。为防止畦埂跑水，在畦田地边和路边最好修筑固定的地边畦埂和路边畦埂，其埂高不应小于 0.3 m，底宽 0.5 ~0.6 m，顶宽 0.2 ~0.3 m。

为使灌水均匀，湿润土壤均匀，防止深层渗漏，防止畦尾受水不足，保证灌水质量，需要确定合理的灌水技术要素。畦灌灌水技术要素主要指畦田规格、每米畦宽引用的入畦流量（即单宽流量）和放水入畦时间等。而影响这些要素的因素主要有：土壤渗透性、畦田田面坡度、畦田粗糙率、平整程度，以及作物种植情况等。

2. 节水型畦灌技术

1）水平畦灌技术

水平畦灌技术是田块纵向和横向两个方向的田面坡度均为零时的畦田灌溉方法，是一种先进的节水灌水技术。水平畦田田面的平整程度要求很高，一般要求田面高程标准偏差小于 2 cm，因此必须进行严格平整，采用激光平地机进行平整。水平畦灌实施灌水时，通常要求引入畦田的流量很大，以使进入畦田的薄水层水流能在很短的时间内迅速覆盖整个畦田田面，然后以静态方式在重力作用下逐渐渗入作物根系层土壤中。优点：灌水技术要求低，深层渗漏少，灌水利用率高，田间拦蓄降雨，水土流失少，方便田间管理和适宜机械化耕作，劳动生产率高，以及可直接应用于冲洗改良盐碱地等。与传统畦灌相比，水平畦灌可节水 20% 以上，田间灌水率可达 95% 以上，灌水均匀度可达 90% 以上。缺点：水平畦灌法对土地平整的要求较高，水平畦田地块必须进行严格平整。适用于小麦等窄行密播作物和各种土壤条件。

2）小畦灌技术

小畦灌技术主要是指畦田“三改”灌水技术，也就是“长畦改短畦、宽畦改窄畦、大畦改小畦”的畦灌技术。小畦灌技术具有节水，易于实现小定额灌水，灌水均匀，灌水质量高，防止深层渗漏，提高田间水的有效利用率，减轻土壤冲刷，减少土壤养分流失，减轻土壤板结，有利于保持土壤结构，保持和提高土壤肥力，促进作物生长，土地平整费用低，可增加产量 10% ~15% 等特点。

3）长畦分段灌技术

长畦分段灌又称长畦短灌，将一条长畦分为若干个短畦，将灌溉水输送入畦田，依次逐段向短畦内灌水，直至全部短畦灌完。长畦分段灌的畦宽可以宽至 5 ~10 m，畦长可达 200 m 以上，一般为 100 ~400 m，但其单宽流量并不增大。长畦分段灌具有节水（40% ~60%）、省地、适应性强、易于推广、便于田间耕作等特点。

（二）沟灌

1. 沟灌技术

沟灌是在作物行间开挖灌水沟，灌溉水由渠系进入灌水沟，水在流动的过程中，主要借土壤毛细管作用和重力作用从两侧沟壁和沟底向周围渗透而湿润土壤的灌水方法。沟灌适用于灌溉宽行距作物，如棉花、玉米、薯类和蔬菜等作物。沟灌特点：①灌水后不会破坏作物根部附近的土壤结构，可以保持根部土壤疏松，透气良好；②不会形成严重的土壤表面板结，能减少深层渗透，防止地下水位升高和土壤养分流失；③在多雨季节，还可以利用灌水沟渠汇集地面径流，并及时进行排水，起排水沟的作用；④沟灌能减少植株间的土壤蒸发损失，有利于土壤保墒；⑤开灌水沟时还可以对作物起到培土作用，可有效地防止作物的倒伏。

根据灌水沟纵向有无坡降，灌水沟可分为坡沟和水平沟（将沟底水平、尾端有埂，蓄水并渗入土壤的沟灌称为水平沟灌。可用大流量供水，缩短灌水时间，沟内注水，在重力和毛细管作用下湿润沟底及两侧土壤，均匀度更高）。按灌水沟沟尾是否封闭，灌水沟可分为封闭沟和流通沟两种。封闭沟指灌水沟沟尾封堵的灌水沟。此种沟，在放水停止后，沟中仍将蓄存一部分水量，再经过一段时间才全渗入土壤内，所以适用的坡度较小，一般坡度以小于 1/200 为宜 。流通沟的尾部不封闭，即尾端自由排水，水在流动过程中全部渗入土壤内。流通沟适用于地面坡度较大或地面坡度虽小但土壤透水性亦小的地区。

灌水沟规格的确定是否合理，将对沟灌灌水质量、灌水效率、土地平整工作量以及田间灌水沟的布置等影响很大 。

具有均匀或微小坡度的地形均适用于沟灌。传统的沟灌坡度：在干旱地区为 0.05% ~ 2.0%；在湿润地区，雨水强度更大，因此最大坡度以不大于 0.3% 为宜；灌水沟的间距，简称沟距。沟距的确定应与土壤性质以及沟灌的湿润范围相适应，并应满足农业耕作和栽培上的要求。间距与土质有关，一般轻质土壤的间距较窄，重质土壤的间距较宽。封闭沟灌一般在灌水停止后，沟中存储一部分水量，而流通沟灌在灌水停止后水全部下渗到土壤中。在地面坡度小、土壤透水性能强、土地平整较差时，应使灌水沟长度短一些，入渗流量大一些，以使沿灌水沟土壤均匀湿润，沟首端不发生深层渗漏，沟尾端不产生泄水流失；当地面坡度大、土壤透水性能弱、土地平整较好时，应使灌水沟长一些，入沟流量小一些，以保证有足够的湿润时间。

2. 节水型沟灌技术

1）细流沟灌技术

细流沟灌流量较小，一般单沟流量为 0.1 ~0.3 L/s。灌水沟内水深一般不超过沟深的 1/2，为 1/5 ~2/5 沟深。水流在灌水沟内边流动边下渗，一般放水停止后在沟内不会形成积水。细流沟灌的特点是：①沟内水浅，流速慢，主要借毛细管作用浸润土壤，水流受重力作用湿润土壤的范围小，所以对保持土壤结构有利。②可减少地面蒸发量，比灌水沟内存蓄水的封闭沟沟灌蒸发损失量减少 2/3 ~3/4。③可使土壤表层温度比存蓄水的封闭沟沟灌提高 2 ℃左右。④湿润土层均匀，而且深度大，保墒时间长。

2）沟垄灌技术

先在田块上按两行作物形成一个沟垄，在垄上种植两行作物，则垄间就形成灌水沟，留作灌水使用。沟垄灌主要是靠灌水沟内的旁侧土壤毛细管作用渗透湿润土壤。优点：①灌水沟垄部位的土壤疏松，土壤通气状况好，土壤保持水分的时间持久，有利于抗御干旱；②作物根系区土坡温度较高；③灌水沟垄部位土壤水分过多时，可以通过沟侧土壤向外排水，从而不致使土壤和作物发生渍涝危害。缺点：修筑沟垄比较费工，沟垄部位蒸发面大，容易跑墒。

3）沟畦灌技术

以三行作物为一个单元，把每三行作物中的中行作物行间部位处的土壤向两侧的两行作物根部培土，形成土垄，而中行作物只对单株作物根部周围培土，行间就形成浅沟，留作灌水时使用。主要特点是，培土行间以旁侧入渗方式湿润作物根系区土壤，根部土壤疏松，湿润土壤均匀，土坡通气性好。

4）播种沟灌技术

依据作物计划的行距要求，犁第一犁开沟时随即播种下籽；犁第二沟时作为灌水沟，并将第二犁翻起来的土正好覆盖住第一犁沟内播下的种子，同时立即向第二沟内灌水；之后，依此类推，直至全部地块播种结束。播种沟灌主要适用于沟播作物播种缺墒时灌水使用。

5）隔沟灌技术

隔沟灌属于一种控制性分根区交替灌溉技术。隔沟灌技术主要适用于作物需水少的生长阶段，或地下水位较高的地区，以及宽窄行种植作物。优点：①根系一半区域保持干燥，而另一半区域灌水湿润，在干旱区促进了根系向深层发展，根系产生的脱落酸等信号物质优化了作物叶片的气孔行为，无效蒸腾减少，提高了作物的水分利用效率。②作物不同区域根系干湿交替，可提高根系的水分吸收能力，增加根系对水、肥的利用效率。③对于部分果树，由于隔沟灌可以干湿交替，使光合产物在不同器官之间得以最优分配，提高了果实品质。④可减少田间土壤的湿润面积，降低了灌溉水的深层渗漏和株间蒸发损失，实现了节水。另外，隔沟灌的地块有一半左右的地表面积处于相对较为干燥的状态，土壤的入渗性能较高，确保了渗入土壤中的雨水可被较多地储存在土壤剖面的根系层中，从而减少了田间径流量。隔沟灌的每沟灌水量比正常多30%左右，但总灌溉水量比漫灌省水30%以上，比常规沟灌和固定隔沟灌省水15%以上。

为使灌水均匀，沟灌要合理确定灌水沟间距、长度、入沟流量和放水时间。灌水沟间距视土壤质地而定，根据灌水沟两侧土壤湿润特征（见图1-2），一般轻质土壤的间距较窄，重质土壤的间距较宽。

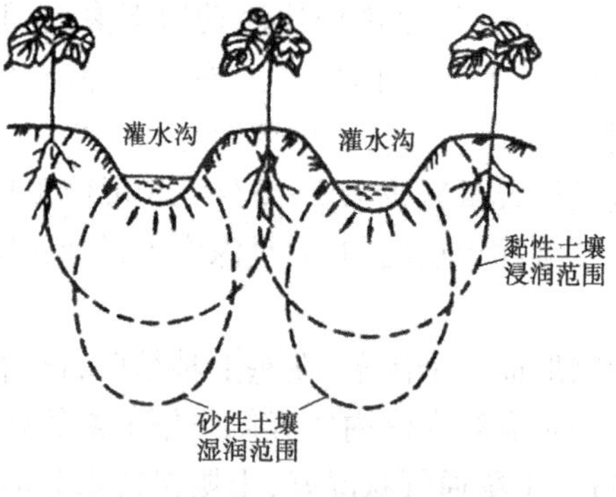

图1-2　灌水沟两侧土壤湿润特征

（三）波涌流灌溉

1. 波涌流灌溉技术简介

波涌流灌溉是一种节水型地面灌溉新技术，它主要根据待灌地块长度，把连续供水时间划分为几个供水周期,间歇性地向畦(沟)中灌水,即利用几个放水和几个停水过程,按一定周期,交替性地向畦(沟)中供水,通过几次供水和停水过程,周期性地湿润和干燥田面,直至完成灌溉的灌水方法。

由于受间歇供水过程的影响,表层土壤结构会发生明显改变,在田面会形成一层较为完善的致密层,致密层的出现将减少水的下渗,致使土壤入渗性能下降,每当水流经过上一周期湿润过的田面时,因受水田面的糙率减少,使水流速度加快,有助于水流快速向下游推进,入渗时间缩短(特别是减少了畦沟首部入渗历时),入渗能力减弱,从而减少了入渗量。

2. 波涌流节水灌溉技术及其设备发展状况

波涌流灌溉是在研究畦(沟)变流量灌水方法的基础上发展起来的一种地面灌水新方法,波涌流灌溉方法首先由美国学者提出,并进行了广泛的研究。纵观美国波涌流灌溉技术的发展,大致可分为以下三个阶段:

第一阶段(1978～1981年):概念的提出和特点验证阶段。1978年美国犹他州立大学的 Strainham 和 Keller 博士在研究变流量灌溉时,首先提出了波涌流灌溉的概念,并开始了波涌流沟灌的室内外试验。试验表明,波涌流灌溉的入渗率较连续灌溉的入渗率大为减小。因此,在相同条件下,波涌流灌溉较连续灌溉具有节水和水流推进速度快等优点。

第二阶段(1982～1985年):理论和技术研究阶段。Walker 等根据大田入渗及灌水试验结果,对波涌流灌溉减渗机理进行了分析与探讨,指明上一周期的灌溉致使土壤表面形成了一饱和致密层,下一周期及以后的水流通过时,糙率减小,流速增加,缩短了畦首地段的入渗时间,降低了畦首的深层渗漏,节约了灌溉用水量,从而提高了水的利用率。

第三阶段(1986年以后):应用与进一步研究阶段。1986年3月美国专利局发布了 Strainham 和 Keller 博士的专利"沟灌方法和系统"(Method and System for Furrow Irrigation,专利号4577802)。同年,美国农业部颁布了国家灌溉指南技术要点之五——波涌流灌溉田间指南(Surge Flow Irrigation Field Guide),使波涌流灌溉技术走上了推广应用的道路。有许多学者进一步对波涌流灌溉进行了研究,使其成为可在实践中应用的灌溉技术。

与传统地面灌溉相比,波涌流灌溉具有灌水均匀、灌水质量高、田面水流推进速度快、省水、节能、保肥、可实现自动控制等优点。波涌流灌溉比常规沟灌节水30%～50%,田间水利用率可达80%～90%,作物产量也有所提高,适宜在畦(沟)长度大、地面坡度平坦、农田土壤透水性较强且含有一定黏粒等条件下采用。

波涌流灌溉需要配备专门的控制阀和带有多孔闸阀的管道。它的控制器也多为电子控制装置,自动化程度较高,目前主要在美国推广应用。我国仍处在试点推广阶段。

(四)淹灌

淹灌,又称为格田灌溉,是用田埂将灌溉土地分成许多格形田块,灌水时格田内保持比较均匀的、具有一定厚度的水层,水在重力作用下渗入土壤的一种灌水方法。淹灌主要适用于水稻、水生植物和盐碱地冲洗改良。格田的形状为长方形或方形,还有不规则形,田埂沿等高线修筑,水稻区的格田规格依地形、土壤、耕作条件而异。在平原区,农渠和农沟之间的距离通常是格田的长度,宜为60～120 m,宽度宜为20～30 m;在山丘地区的坡地上，格田长边沿等高线方向布置，以减少土地的平整工作量，其长度应根据机耕的要求而定，格田的宽度随地面坡度而定，坡度愈大，格田愈窄。田埂兼作田间管理道路时，田埂高度一般为 25 ~ 30 cm，边坡约为 1∶1。格田应有独立的进水口和排水口，避免串灌串排，防止灌水或排水时彼此相互依赖、相互干扰，达到按作物生长要求控制灌水和排水。

(五)漫灌

漫灌是在田间不修畦、沟、埂，灌水时任其在地面漫流，借重力作用浸润土壤的粗放灌溉方法。这种灌溉方法灌水均匀性差，水量浪费大，易破坏土壤结构、提高地下水位，导致渍害和土壤次生盐碱化等危害，目前农田灌溉一般已不再采用。

第二节　地面灌溉的过程与灌水质量指标

一、地面灌溉的过程

地面灌溉水流推进、消退与下渗是一个随时间变化的复杂过程，一个完整的地面灌溉过程一般包括四个阶段，如图 1-3 所示。

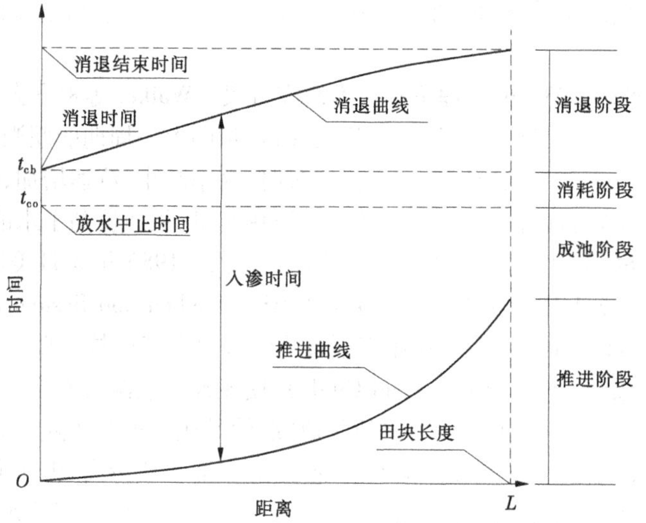

图 1-3　地面灌溉的过程

(1)推进阶段。灌溉水由田间渠道或管道流入田间后，灌溉水流持续沿田面向前推进，流过整个田块一直到达田块末端。水流边向前推进，边向土壤中下渗。灌溉水流沿田面的纵向推进形成一个明显的湿润前锋(即水流推进的前缘)。有时为了避免发生尾水，或保证灌水更为均匀，湿润前锋未到达田块末端，就关闭田块首端进水口，停止向田块放水。

(2)成池阶段：推进阶段结束后，灌溉水继续流入田间，直至田间获得所需的水量。这时可能有部分灌溉水在田块末端漫出进入排水沟，成为灌溉尾水，但大部分被积蓄在田间。自推进阶段结束至中止灌溉入流之间这一阶段即为成池阶段。成池阶段结束时，田间蓄存了一定数量的水量。

(3)消耗阶段:入流中止后,由于土壤入渗或尾水流失,田面蓄水量逐渐减少,直到田块首端(灌水沟沟首或畦田首端)裸露地面。

(4)消退阶段:一般从田块首端开始,地表面形成一消退锋面(落干锋面),并随田面水流动和土壤入渗向下游移动,直至田块尾端,此时田间土壤表面全部露出,灌水过程结束。消退一般从首端开始,若地面坡度很小,消退过程也可能从末端开始,或从两端开始。若是水平沟或水平畦,则整条灌水沟或整个畦田同时消退。

二、地面灌溉主要灌水质量指标

确定灌水质量指标一般以入渗水量分布为依据(见图1-4)。测定入渗水量分布的方法是:首先测得地面水流的推进曲线和消退曲线,由此可以确定各点入渗时间;然后根据入渗时间和入渗量计算公式,以10~20 m为间隔,计算各点入渗水量;以距畦(沟)首的距离为横坐标、入渗水量为纵坐标,绘出入渗水量分布图。

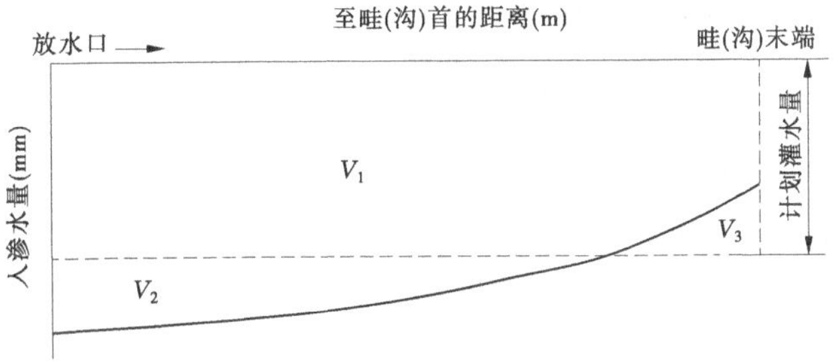

图1-4　土壤入渗水量分布

国内外许多农田灌溉专家、学者提出了多个分析评估农田灌溉方法的田间灌水质量指标。

(一)田间灌水效率

田间灌水效率是指灌水后储存于计划湿润作物根系土壤区内的水量与输入田间的总灌溉水量之比,即

$$E_a = \frac{V_1}{V} = \frac{V - (V_2 + V_0)}{V} \tag{1-1}$$

式中　E_a——田间灌水效率;

V_1——灌溉后储存于计划湿润作物根系土壤区内的水量,m^3或mm;

V——输入田间的总灌溉水量,m^3或mm;

V_2——深层渗漏损失水量,m^3或mm;

V_0——田间灌水径流流失水量,m^3或mm。

田间灌水效率表征应用某种地面灌溉方法后农田灌溉水有效利用的程度,是标志农田灌水质量优劣的一个重要评估指标。

(二)深层渗漏率

深层渗漏率是指深层渗漏损失的水量与输入田间的总灌溉水量之比,即

$$E_d = \frac{V_2}{V} \tag{1-2}$$

式中　E_d——田间深层渗漏率；

其余符号意义同前。

(三)尾水率

尾水率是指尾水损失的水量与输入田间的总灌溉水量之比，即

$$E_t = \frac{V_0}{V} \tag{1-3}$$

式中　E_t——田间尾水率；

其余符号意义同前。

在我国，畦田或灌水沟尾部多是封闭的。在这种情况下，如果具有良好的田间管理水平，一般没有尾水产生，因此可不考虑尾水率。

(四)田间灌溉水储存率

田间灌溉水储存率是指应用某种地面灌溉方法灌溉后，储存于计划湿润作物根系土壤区内的水量与灌溉前计划湿润作物根系土壤区所需要的总水量的比值，即

$$E_s = \frac{V_1}{V_n} = \frac{V_1}{V_1 + V_3} \tag{1-4}$$

式中　E_s——田间灌溉水储存率；

V_n——灌水前计划湿润作物根系土壤区内所需要的总水量，m^3 或 mm；

V_3——灌水量不足区域所欠缺的水量，m^3 或 mm；

其余符号意义同前。

田间灌溉水储存率表征某种地面灌溉方法、某项灌水技术实施灌水后，能满足计划湿润作物根系土壤区所需要水量的程度。

(五)田间灌水均匀度

田间灌水均匀度是指应用地面灌溉方法实施灌水后，田间灌溉水湿润作物根系土壤区的均匀程度，或者田间灌溉水下渗湿润作物计划湿润土层深度的均匀程度，或者表征田间灌溉水在田面上各点分布的均匀程度，通常用下述公式表示：

$$E_d = 1 - \frac{\overline{|\Delta Z|}}{\overline{Z}} \tag{1-5}$$

式中　E_d——田间灌水均匀度；

$\overline{|\Delta Z|}$——各测点的实际入渗水量与平均入渗水量离差绝对值的平均值，m^3 或 mm；

$\overline{Z}$——灌水后土壤内的平均入渗水量，m^3 或 mm。

一般情况下，要求地面灌溉灌水均匀度达80%以上。

以上各项评价指标中，E_a、E_s 和 E_d 是三项主要评价指标，分别从不同的侧面评估灌水质量的好坏。实际评价时，至少应计算这三项主要评价指标，单独使用其中一项指标难以全面评价田间灌水质量。

第二章　新型取水闸门及泵站充水技术

第一节　概　述

一、取水枢纽

取水枢纽是把河流中的水引入渠道,以满足灌溉、发电、工业及生活用水等需要;并防止粗粒泥沙进入渠道。取水枢纽位于渠道首部,又称渠首工程。一般可分为水库取水、提水引水枢纽、自流引水枢纽三类。

二、取水枢纽的类型

自流引水枢纽根据是否修建拦河建筑物可分为无坝引水枢纽和有坝引水枢纽两种类型。

(一)无坝引水枢纽

河流枯水期的水位、流量均能满足引水要求时,即可选择适宜的位置作为取水口,修建进水闸引水,形成无坝引水枢纽。优点:工程简单,投资少,施工比较容易,工期短,收效快,并且对河床影响小。缺点:不能控制河道水位和流量,多泥沙河流引水,可能会引入大量泥沙,造成淤积。

(二)有坝引水枢纽

河流枯水期的水位、流量不能满足引水要求时,则需要修建壅水坝,抬高水位,满足引水需要,成为有坝引水枢纽。优点:工作可靠,引水保证率高,便于引水防沙和综合利用,应用广泛。缺点:工程复杂,投资较多,破坏了天然河道的自然状态。

三、泵站充水装置

泵站作为我国基础设施的重要组成部分,承担着区域性的防洪、排涝、灌溉、调水和供水等重任。目前,我国泵站建设和大规模的更新改造已经进入新的历史时期。一般离心泵都安装在水源最低运行水位以上一定高度,泵在启动前必须要先充水,否则无法正常启动,不能正常工作。所以,泵站充水是水泵运行管理的重要组成部分,也是必须要做的工作。

目前,主要的水泵充水装置是真空泵充水系统,但它需要由真空泵机组工作,投资较大,每次水泵充水都需要启动真空泵机组,需要消耗一定能量和一定时间才能完成充水过程。另外,还有真空水箱充水法、水上式底阀充水法、射流泵充水法、手动泵充水法等,这些方法水头损失较大,降低了水泵运行效率。为此,需要研究设计新型充水装置,以期解决这些问题。

第二节 灌区新型取水闸门

闸门作为一种目前使用最广泛的取水建筑物,已经在广大水利工程中得到了充分的使用,发挥着巨大的作用。在水利工程中,闸门是任何建筑物都无法替代的重要水利设施。水闸的类型多种多样,当前水闸的建设,正向形式多样化、结构轻型化、施工装配化、操作自动化和远动化方向发展。进水闸作为建在河道、水库或湖泊的岸边,用来控制引水流量,以满足灌溉、发电或供水需要的闸门。它用于控制入渠流量大小,实践当中应用更为广泛。一般进水闸都修建在渠道的渠首位置,所以这种水闸又被叫作渠首闸。当从天然河道直接取水(即无坝取水)时,为保证能引进需要的流量和尽量减少泥沙进入引水渠道,防止推移质泥沙被挟带入渠,在满足正常引水要求的前提下,通常在进水闸前设冲沙闸和导沙坎,进水闸底槛高程应比河底高程、冲沙闸底槛高程高一些,即使这样也常常引入大量泥沙。目前基本上所有的引水闸都采用提升式闸门,引入的水是水源深层部位的水,其泥沙含量最高,而且水温最低,非常不适合灌区引水的要求。

一、叠套式取水闸门

为了解决以上问题,研发了叠套式取水闸门,可使闸门引水时只引取水源表层的水,其泥沙含量最小,水温最高,最适宜作物生长需要。

如图 2-1 所示,叠套式取水闸门包括叠套闸门、滚轮、纵向肋筋、横向肋筋、闸墩、门后支承块、门后支承块螺栓、闸墩门槽、门前支承块、门前支承块螺栓、检修闸门槽、闸底板、闸底板深式门槽和止水。

闸墩对称地布置在叠套闸门两侧,闸底板与两侧闸墩底部连接为一体,闸墩、闸底板为混凝土结构、钢筋混凝土结构、浆砌石结构等,具体视上游水深而定,两侧闸墩与闸底板可现场浇筑成一体,以增加其稳定性;两侧闸墩之间的闸底板下凹成闸底板深式门槽,闸墩高度大于上游水深,以保证安全运行;这种闸门是由多个依次可活动的套接在一起的叠套闸门构成,套在最外面的叠套闸门(即下叠套闸门)固定安装在闸底板深式门槽中,其余各叠套闸门可分别依次从套在其外面的叠套闸门中向上拉出;各叠套闸门叠套在一起没有拉开时,上端面齐平,且各叠套闸门全部叠套在一起,安放在闸底板深式门槽中时,叠套闸门上端面与闸底板深式门槽槽顶面即闸底板顶面平齐;各叠套闸门的左右两端面及其背水面均设置有滚轮,便于各叠套闸门提升或下降,而且可以控制各叠套闸门按一定轨迹上下垂直移动,保证闸门正常工作;各叠套闸门内部均设置有互相垂直安装的纵向肋筋和横向肋筋,以增加其强度和刚度,防止闸门因受力而变形;各叠套闸门门页之间以及下叠套闸门与闸底板深式门槽迎水面的缝隙中均设置有止水,防止漏水现象的产生;闸墩内侧和闸底板的中间部位分别为与各叠套闸门对应的门槽,以便在各叠套闸门拉出时,用于安放、支承工作闸门,如图 2-1(c)所示;每个门槽上部均设置有门后支承块和门前支承块,门后支承块和门前支承块的尺寸和形状与叠套闸门全关闭(即每个叠套闸门都相继从套在其外面的叠套闸门中向上全部拉出时,呈塔状,如图 2-1(b)所示)时相互吻合,以能承受叠套闸门上传来的力,保证叠套闸门安全稳定;各个支承块用对应的螺栓固定在闸墩上,门后支承块用门后支承块螺栓固定,门前支承块用门前支承块螺栓固定;叠套闸门采用强度和刚度均较大的钢闸门或合金闸门,应做好防锈处理。

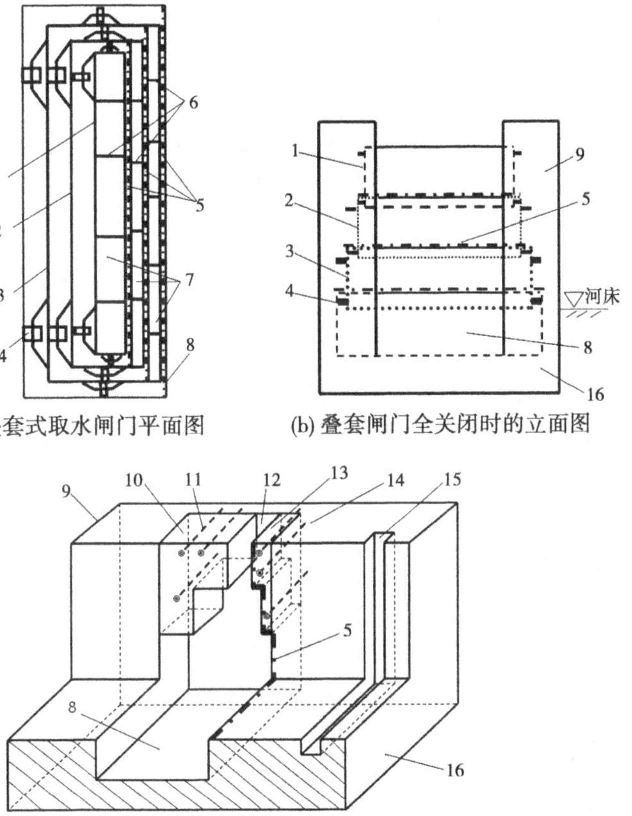

(a) 叠套式取水闸门平面图　(b) 叠套闸门全关闭时的立面图

(c) 闸室示意图

1—上叠套闸门;2—中叠套闸门;3—下叠套闸门;4—滚轮;5—止水;6—纵向肋筋;7—横向肋筋;8—闸底板深式门槽;9—闸墩;10—门后支承块;11—门后支承块螺栓;12—闸墩门槽;13—门前支承块;14—门前支承块螺栓;15—检修闸门槽;16—闸底板

图 2-1　叠套式取水闸门(以设置三个叠套闸门为例)

叠套式取水闸门工作时,在上游来水量变化后,使水位发生改变,在外力作用下,使叠套闸门上升或下降,叠套闸门的闸顶高程低于上游水源水位一定高度,完成等量取水,实现了引水水温较高并减少泥沙引入的目的。

以设置三个叠套闸门为例,上游水量一定时,其水位为一定值,可以使叠套闸门保持一定高度,引水量不变化。由于采用本闸门引水,是从闸门顶部将水引入,所以下部的叠套闸门相当于拦沙坎,河床底部的泥沙就不容易引入,保证引入的泥沙含量最小。同时,由于引取的是水源表层的水,其温度一般较高,更容易满足灌溉及其他部分用水的需要。

如果上游来水量增大,闸前水位升高到一定高度,则可根据引水量大小的需要,将相应的叠套闸门向上提升,使闸门顶部一直保持与水源水面一定的高差,以满足引水需要;如果水源水位再升高,则继续提升叠套闸门,可依次将下叠套闸门从闸底板深式门槽中提升出来、将中叠套闸门从下叠套闸门中提升出来、将上叠套闸门从中叠套闸门中提升出来，闸门的提升高度，以达到设计标高满足引水需要为准，闸门可达到的最大高度是由当地水源来水状况，按一定设计保证率设计的，以在设计状况下能正常工作为依据。

如果引水过程中，上游来水量减小，水位下降，则可根据引水需要，依次将上叠套闸门叠套在中叠套闸门中、将中叠套闸门叠套在下叠套闸门中、将下叠套闸门叠套在闸底板深式门槽中，以满足引水的需要为依据。

如果引水完毕，则可将下叠套闸门从闸底板深式门槽中提升出来、将中叠套闸门从下叠套闸门中提升出来、将上叠套闸门从中叠套闸门中提升出来，闸门的提升高度，以保证闸门不泄水为准。

为保证有足够大的引水量，尽量减少泥沙的引入，闸底板高程要合理设计，可使闸底板高程稍高于河床高程。

叠套式取水闸门具有以下优点：

（1）闸门引水时只引取水源表层的水，解决了目前广泛使用的提升式闸门只能引取水源底层水的问题，引出的水泥沙含量小，水温较高，适宜灌溉及其他供水需要，适宜作物生长需要。

（2）能准确定量取水。

叠套式取水闸门的创新点是：

（1）将实体闸门设计成为叠套式闸门。

（2）闸门引水时只引取水源表层的水，减少了泥沙含量，提高了水温。

该闸门设计原理独特，无论在技术上，还是使用性能等方面，均产生了质的飞跃。

二、前倾式取水闸门

水闸的类型多种多样，按构造特征可分为梁式闸门、平面闸门、弧形闸门、扇形闸门等，各种闸门由于结构上的差异，都有各自不同的特点。当前水闸的建设，正向形式多样化、结构轻型化、施工装配化、操作自动化和远动化方向发展。进（引）水闸作为建在河道、水库或湖泊的岸边，是用来控制引水流量，以满足灌溉、发电或供水需要的闸门。它用于控制入渠流量大小，实践当中应用比较广泛。当从天然河道直接取水时，为保证能引进需要的流量和尽量减少泥沙进入引水渠道，防止推移质泥沙被挟带入渠，在满足正常引水要求的前提下，通常在进水闸前设冲沙闸和导沙坎，进水闸底槛高程应比河底高程、冲沙闸底槛高程高一些，即使这样也常常引入大量泥沙。目前基本上所有的引水闸都采用垂直启闭式闸门，致使操纵力较大；引水时一般是向上提升，水从闸门底部与闸墩之间的过水断面中流向下游，引入的水是水源深层部位的水，若水中泥沙含量较大，引入的泥沙含量高，不利于使用。同时，水温最低，非常不适合灌区引水及其他部门的引水要求。

针对以上问题在叠套式取水闸门的基础上，研发了前倾式取水闸门，亦可使闸门引水时只引取水源表层的水，其泥沙含量最小，水温最高，最适宜作物生长需要，适宜各用户的用水需要。

前倾式取水闸门包括闸室、机架桥、闸门、启闭装置（减振装置）、止水、轴承（或铰）、门轴等，如图 2-2 所示。

前倾式取水闸门由连接为一体的闸门面板及纵隔板、横隔板构成，纵隔板、横隔板相互垂直;由于纵隔板和横隔板的作用,使闸门的强度及刚度增大,增加了闸门的稳定性,纵隔板和横隔板设置在闸门上游一侧,即迎水面(图 2-2 中闸门左侧);闸门面板设置在闸门下游一侧(图 2-2 中闸门右侧),这样当闸门工作时,在外力作用下闸门前倾,使闸门绕着门轴沿逆时针方向转动,控制闸门门顶与上游水位之间的垂直高差,保证一定的过流水头(即堰上水头),使水在闸门面板上面流出,目的是在水流流过闸门时,减小流动阻力;闸门采用钢材或合金等材料,应具有足够的刚性和强度,做好防锈处理,闸门面板迎水面设置有纵向隔板和横向隔板,用以增加闸门的强度和刚性。闸室由闸墩、闸底板构成,闸墩对称地垂直布置在闸底板的两侧,闸墩和闸底板浇筑成一个整体,闸墩、闸底板为混凝土结构、钢筋混凝土结构、浆砌石结构等,具体视上游水深而定;在设计状况下,闸墩墩顶高程应大于上游水位一定高度,以保证安全运行;前倾式取水闸门通过门轴固定在闸墩上,门轴设置在前倾式取水闸门的最下端,闸门可以绕着门轴向前(沿着逆时针方向转动)转动;门轴通过轴承(或铰)固定在两侧的闸墩内;启闭装置(又可作为减振装置,该装置有两个作用:一是启闭闸门,二是减轻闸门运行过程中的振动)由闸门铰、铰支螺母、螺杆、铰支螺母支架等组成;前倾式取水闸门上部中间位置安装有闸门铰,闸门铰与螺杆连接,螺杆通过铰支螺母与铰支螺母支架连接;铰支螺母支架固定在机架桥上;机架桥两端分别固定在两侧闸墩上端,机架桥中间留有足够大的空间,使闸门工作过程中螺杆能自由地运行,而不与机架桥有任何接触,机架桥兼作工作桥、行走交通道;当开启启闭装置时,使铰支螺母旋转,可以使螺杆产生在螺杆轴线方向上的运动,从而可以使闸门产生前倾(沿图 2-2中逆时针方向转动)或后起(沿图 2-2 中顺时针方向转动)运动,以调节闸门门顶与上游水位之间的垂直高差,保证过流水头(即堰上水头)的大小,确保过闸流量的大小;同时,启闭装置还可以兼作闸门减振装置,防止水在流动时,使闸门发生较强振动。

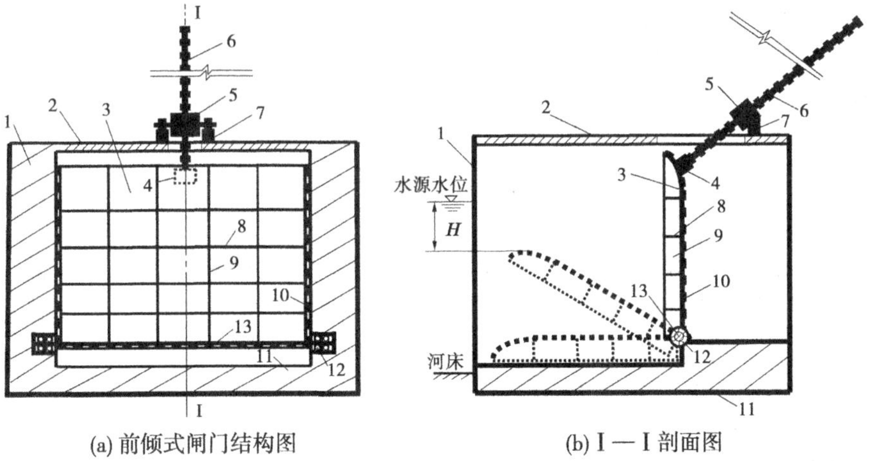

(a) 前倾式闸门结构图　　(b) I — I 剖面图

1—闸墩;2—机架桥;3—闸门面板;4—闸门铰;5—铰支螺母;6—螺杆;7—铰支螺母支架;
8—横隔板;9—纵隔板;10—止水;11—闸底板;12—轴承(或铰);13—门轴

图 2-2　前倾式闸门示意图

前倾式取水闸门工作时,在上游来水量变化后,会使闸前水位发生改变,开启启闭装置,可在外力(即用于操纵铰支螺母转动的动力,可使用电动机,也可使用内燃机,或者采用人工的方式)作用下,操控铰支螺母旋转,使螺杆产生上下运动,从而可以使闸门产生前倾或后起运动,使闸门的顶部产生上升或下降运动,来调节闸门门顶与上游水位之间的垂直高差,保证过流水头的大小,完成定量取水。由于闸门面板不渗水,起到了挡水的作用,所以水源的水只能通过闸门顶上面的过水通道流向下游,这样闸门就起到了拦沙坎的作用,实现引水时泥沙引入量最少的目的。同时,引取的水也是水源表层的水,水温比底层的水温高,更容易满足灌溉及其他用户对用水的需要,如对于灌溉工程,引取的水水温较高,更有利于作物生长。

上游水量一定时,其水位为一定值,通过启闭装置,使闸门前倾或后起,闸门顶部保持一定高度,可以保持闸门门顶与上游水位之间的垂直高差(即堰上水头)稳定,使闸门引水量稳定,这样就实现了引取表层高温清水的目的,更方便用户使用。

如果上游来水量增大,闸前水位升高到一定高度时,可根据引水量大小的需要,通过铰支螺母的旋转使闸门后起,闸门门顶升高,还是使闸门顶部一直保持与水源水面一定的高差,以满足引水需要;如果水源水位再升高,则继续提升闸门,以达到设计标高满足引水需要为准;闸门可达到的最大高度,可根据当地水源来水状况确定。

如果引水过程中,上游来水量减小,水位下降,则可根据引水需要,通过启闭装置,带动铰支螺母转动,使螺杆下移,控制闸门向前倾斜,降低闸门顶高度,以满足引水的需要。所以,可以根据闸门上游来水情况,以调节闸门顶部高度,保证一定的堰上水头,满足引水需要。由于启闭装置通过螺杆将闸门与铰支螺母连接,这样大大减轻了闸门在工作过程中可能产生的振动,所以启闭装置既可以操控闸门,又可以减轻闸门的振动,防止闸门取水时发生较强振动而使闸门的使用更加安全。

如果引水完毕,则可通过铰支螺母的转动,使闸门后起,直至完全关闭,达到图2-2(b)中实线所示的闸门位置,起到断水作用。在闸门周边均设置有止水,可以防止漏水现象的产生,满足蓄水的要求。

为保证有足够大的引水量,同时尽量减少泥沙的引入,闸底板高程要合理设计,可使闸底板高程稍高于河床高程。

闸门的启闭采用螺杆式启闭设备,以满足对闸门的操控。

前倾式取水闸门,具有以下优点:

(1)闸门引水时只引取水源表层的水,解决了目前广泛使用的提升式闸门只能引取水源底层水的问题,引出的水泥沙含量小,水温较高,适宜灌溉及其他供水需要,适宜作物生长需要。

(2)能准确定量取水。通过螺旋装置的控制,可保证闸门顶到水源水面之间的垂直高差,保证一定的堰上水头,保证引取水量大小。

前倾式取水闸门创新点是:

(1)将闸门在外力作用下的垂直升降运动,设计成为围绕门轴转动的运动,大大减轻了闸门开启或关闭时需要的动力强度,更有利于闸门的稳定运行。

(2)闸门引水时只引取水源表层的水,减少了泥沙含量,提高了水温。

该闸门设计原理独特,无论在技术上,还是使用性能等方面,均产生了质的飞跃。

三、扇形空心取水闸门

扇形空心取水闸门亦可使闸门引水时只引取水源表层的水，其泥沙含量最小，水温最高，最适宜作物生长需要，适宜用户用水需要。

如图 2-3 所示，扇形空心取水闸门包括扇形空心闸门、闸墩、闸底板、工作桥、机械减振装置、止水、空心轴、轴承（或铰）、水泵进水管和闸阀。

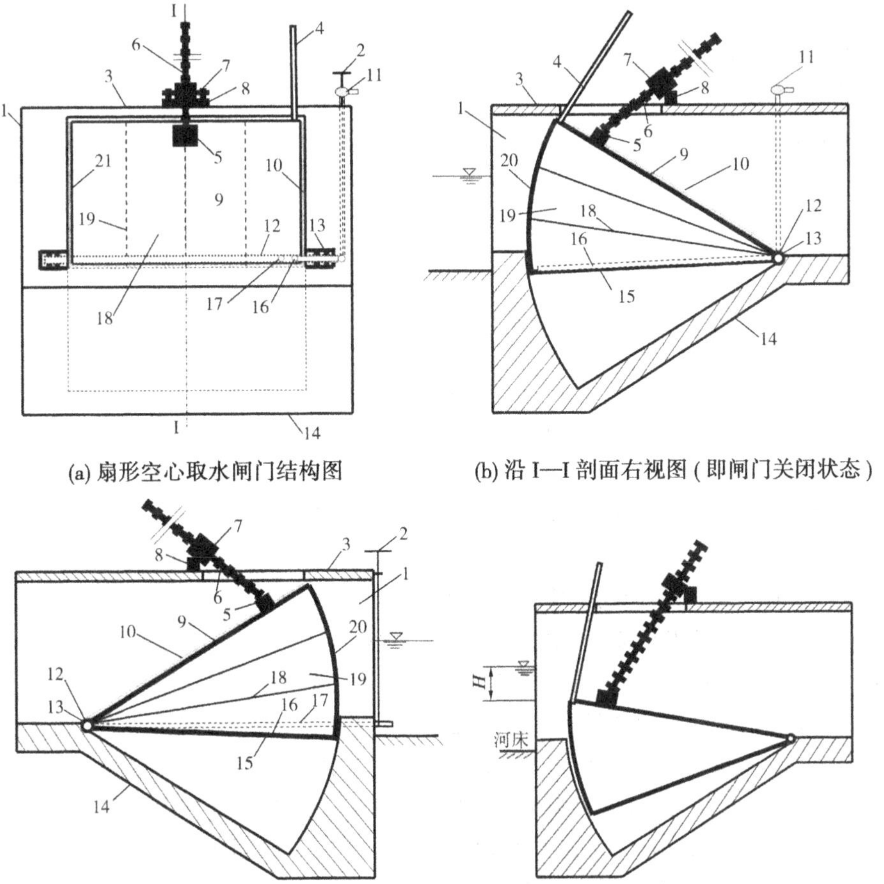

(a) 扇形空心取水闸门结构图　(b) 沿 I—I 剖面右视图（即闸门关闭状态）

(c) 沿 I — I 剖面左视图　(d) 引水状态示意图

1—闸墩；2—闸阀；3—工作桥；4—通气管；5—闸门铰；6—螺杆；7—铰支螺母；8—铰支螺母支架；9—闸门背面门板；10—止水；11—水泵；12—空心轴；13—轴承；14—闸底板；15—闸门底面门板；16—水泵进水管；17—进水管；18—横隔板；19—纵隔板；20—闸门弧面门板；21—闸门侧面板

图 2-3　扇形空心取水闸门示意图

扇形空心取水闸门是由闸门弧面门板、闸门背面门板、闸门底面门板和两个闸门侧面板密封组成的一个内部中空的扇形闸门。闸门侧面板呈扇形，闸门背面门板和闸门底面门板呈矩形。扇形空心取水闸门内部设有相互垂直的横隔板和纵隔板，由于纵隔板和横隔板的作用，使闸门的强度及刚度增大，增加了闸门的稳定性；纵隔板及横隔板上均设置有若干孔洞，能使水在扇形空心取水闸门内自由流动。同时，由于扇形空心取水闸门内部是密封的空腔，会受到上游水的浮力作用，相应地减轻了控制扇形空心取水闸门转动时的操控力；扇形空心取水闸门的圆心角一端通过空心轴及轴承（或铰）固定在与闸底板相交处的两侧闸墩上，其门可以绕着空心轴轴向转动；扇形空心闸门采用钢材或合金等材料，应保证闸门不漏水，应具有足够的刚性和强度，做好防锈处理；扇形空心闸门内设置有纵向和横向隔板，以增加其刚性和强度。

闸墩对称地垂直布置在闸底板的两侧，两侧闸墩和闸底板浇筑成一个整体，共同构成闸室。闸墩、闸底板为混凝土结构、钢筋混凝土结构、浆砌石结构等，具体视上游水深而定。扇形空心取水闸门的宽度与两侧闸墩之间的净距相等，在立面上的高度与闸墩高度相等或略低。

机械减振装置（兼作闸门提升装置）由闸门铰、螺杆、铰支螺母和铰支螺母支架构成。扇形空心取水闸门顶部的闸门背面门板上端与闸门铰连接，闸门铰依次与螺杆、铰支螺母和铰支螺母支架连接，铰支螺母支架固定在工作桥上。闸门工作时，扇形空心取水闸门在浮力作用下漂浮在水面上时，为了防止闸门随着水位的波动而产生较强烈的振动，可以通过机械减振装置将闸门适当压入水中一点，这样可以有效地防止闸门的振动；同时，可以保证扇形空心闸门顶到上游水位之间的垂直距离（即引水水头 H），确保引水量的大小，以实现衡量取水的目的；机械减振装置（兼作闸门提升装置）的另一个作用在于不取水时，利用螺杆提升扇形空心取水闸门，以使扇形空心闸门关闭，防止水量浪费。空心轴为内部中空的门轴，空心轴用于布置进水管和水泵进水管。进水管前段水平状布置在左侧闸墩内（右侧闸墩内布置水泵进水管，或者反向布置，即右侧布置进水管、左侧布置水泵进水管），进水管进口伸出闸墩上游迎水面，与水源相通，进水管进口处设置有闸阀，闸阀阀体设置在闸墩上游迎水面的外面，闸阀的阀体通过长轴与布置在闸墩顶部的闸阀手柄相连，闸阀可以控制进水管流量；进水管后段布置在空心轴左端的内部，且使进水管的出口与扇形空心取水闸门内腔相通。进水管可向扇形空心闸门内供水。水泵进水管前段固定在扇形空心取水闸门底面门板上，并靠近扇形空心取水闸门的最低端，水泵进水管与扇形空心取水闸门内部相通，这样可以将扇形空心取水闸门中的水尽量多地抽出，以减轻闸门内水的数量，从而减轻闸门与闸门内部水的总重量，方便闸门升起；水泵进水管的中间段布置在空心轴右端的内部；水泵进水管的后段布置在右侧闸墩内，并与水泵相连。水泵进水管连通扇形空心取水闸门内部水体和水泵。水泵可布置在闸墩顶部或布置在工作桥上，水泵可采用自吸泵，以省去水泵的充水系统。

水泵通过水泵进水管将扇形空心取水闸门中的水抽出，通过进水管和水泵装置（即水泵进水管与水泵机组的组合体）可调节闸门中取水的水量，从而可以控制闸门的上升和下降运动。当扇形空心取水闸门需要减少引水量时，通过水泵将扇形空心取水闸门中的水抽出，减少扇形空心闸门内的水量，使扇形空心取水闸门上升；当扇形空心取水闸门需要加大引水量时，可开启闸阀，通过进水管向扇形空心取水闸门内注入水量，使扇形空心取水闸门下降。通过调节闸门中的水量以调节闸门受到的浮力大小，来控制闸门顶到上游水位之间的垂直距离，保证一定的引水水头，控制引水量大小；扇形空心取水闸门最高点设有通气管，以防止扇形空心取水闸门内形成真空状态，方便扇形空心取水闸门进水和水泵抽水。

扇形空心取水闸门工作时，在上游来水量变化后，使水位发生改变，可使扇形空心取水闸门在浮力作用下绕着门轴转动，以使其产生上升或下降运动，使扇形空心取水闸门的顶部高程低于上游水源水位一定高度，且保持不变，完成定量取水的目的，由于引水是引取的水源表层的水，实现了引水水温较高并减少泥沙引入的目的。

上游水量一定时，其水位为一定值，通过进水管引水到扇形空心取水闸门中，或通过水泵将扇形空心取水闸门中的水抽出一定量的方法来调节扇形空心取水闸门中的水量，使扇形空心取水闸门门顶保持与水源水位一定的垂直高差，保证引水水头不变，从而保证引水量的稳定。由于扇形空心取水闸门是从其顶部将水引出的，所以扇形空心取水闸门相当于拦沙坎，河床底部的泥沙就不容易引入，保证引入的泥沙含量最小，同时由于引取的是水源表层的水，其温度一般较高，更容易满足灌溉及其他部分用水的需要；为保证水源的水能通过进水管自流到扇形空心取水闸门中，以及在水泵向外抽水时，扇形空心取水闸门内不形成真空状态，在闸门的最高点设置有通气管。

如果上游来水量增大，闸前水位升高，扇形空心取水闸门会升高，则通过进水管引水到扇形空心取水闸门中，或通过水泵将扇形空心取水闸门中的水抽出一定量的方法来调节扇形空心取水闸门中的水量，使闸门保持在一定位置，其门顶保持与水源水位一定的垂直高差，保证引水水头不变，从而保证引水量的稳定。如果水源水位再升高，在水的浮力作用下，扇形空心取水闸门则继续旋转，而使闸门进一步升高，还是通过控制闸门中的水量，使闸门顶部一直保持与水源水面一定的高差，以满足引水需要。扇形空心取水闸门可达到的最大高度是由当地水源来水状况按一定设计保证率设计的，以在设计状况下能正常工作为依据。

如果引水过程中，上游来水量减小，水源水位下降，扇形空心取水闸门也随之下降，通过控制闸门中的水量，使闸门顶部一直保持与水源水面一定的高差，以满足引水需要。当水源水位下降到一定程度时，扇形空心取水闸门下降到最低点，闸门达到最大开度，此时闸门支承在闸底板上，闸门背面门板处于水平状态，以保证最大的引水需要。为了保证扇形空心取水闸门在引水过程中不产生较强烈的振动，设置有机械减振系统。机械减振系统（兼作闸门提升装置）还承担着不引水时，提升闸门的作用。如果引水完毕，则可通过提升闸门装置，将闸门提起，使闸门向上旋转，达到关闭位置，此时，在闸门与闸墩之间、闸门与闸底板之间均设置有止水，即在闸门周边均设置有止水，可以防止漏水现象的产生，保证不产生漏水损失。扇形空心取水闸门工作时的开度大小由闸门产生的浮力来控制，所以闸门的空间形状及体积大小应通过计算综合确定。

扇形空心取水闸门具有以下优点：

（1）扇形空心取水闸门引水时只引取水源表层的水，解决了目前广泛使用的提升式闸门只能引取水源底层水的问题，引出的水泥沙含量小，水温较高，适宜供水需要，对于灌溉引水来说，由于引入的泥沙少，防止了土地沙化，同时水温较高，适宜作物的长生。

（2）能实现衡量取水。通过闸门浮力的作用，能随时随着上游水位的升降来调整闸门的开度，保证闸门顶到水源水面之间的垂直高差，保证一定的引水水头，保证引取水量大小。

扇形空心闸门创新点是：

(1)将目前弧形闸门的开启和关闭完全依靠外力作用的控制方法,设计成了利用扇形空心取水闸门自身产生的浮力来控制闸门开度,大大减轻了闸门开启或关闭时需要的动力,从而使闸门工作更加稳定。

(2)利用了扇形空心闸门的浮力作用来自动控制闸门的开度,实现了对闸门开度的即时控制和闸门的自动取水。

(3)扇形空心闸门引水时只引取水源表层的水,减少了泥沙含量,同时提高了引入水量的水温。

扇形空心取水闸门设计原理独特,解决了目前闸门无法取用表层水、引水泥沙过多、水温低及操控力较大等问题,无论在技术方面,还是使用性能等方面,均产生了质的飞跃。

四、前倾式自动衡量取水空心闸门

前倾式自动衡量取水空心闸门可使闸门引水时只引取水源表层的水,其泥沙含量最小,水温最高,最适宜作物生长需要,适宜用户用水需要。

如图 2-4 所示,前倾式自动衡量取水空心闸门包括闸墩、浮球、缆绳、浮球室、卷扬机、卷扬机轴、空心闸门、浮球轴、铰、止水、横隔板、纵隔板、闸底板、轴承(或铰)、闸门轴和进水口。

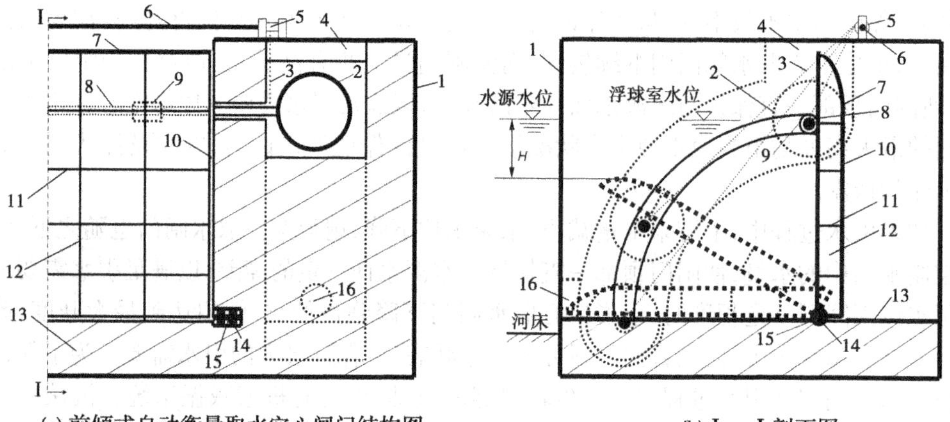

(a) 前倾式自动衡量取水空心闸门结构图　　(b) I—I 剖面图

1—闸墩;2—浮球;3—缆绳;4—浮球室;5—卷扬机;6—卷扬机轴;7—空心闸门;8—浮球轴;9—铰;10—止水;11—横隔板;12—纵隔板;13—闸底板;14—轴承;15—闸门轴;16—进水口

图 2-4　前倾式自动衡量取水空心闸门

前倾式自动衡量取水空心闸门包括密封连接为一体的前闸门面板、后闸门面板和相互垂直安装在前闸门面板和后闸门面板之间的纵隔板和横隔板,由于纵隔板和横隔板的作用,使闸门的强度及刚度增大,增加了闸门的稳定性。前闸门面板和后闸门面板之间形成密封的空腔,构成空心闸门,由于空心闸门会受到上游水的浮力作用,相应地减轻了控制空心闸门转动时的操控力;后闸门面板顶部呈椭圆形,表面光滑,主要是在取水时,使水流顺畅,减少流水的阻力。闸门下端两侧通过闸门轴及轴承(或铰)固定在闸墩与闸底板相交处的两侧闸墩上,闸门可以绕着闸门轴转动。空心闸门采用钢材或合金等材料,应保证闸门密封不漏气,应具有足够的刚性和强度,做好防锈处理。

闸墩对称地垂直布置在闸底板的两侧,两侧闸墩和闸底板浇筑成一个整体,共同构成闸室。闸墩、闸底板为混凝土结构、钢筋混凝土结构、浆砌石结构等，具体视上游水深而定。闸门宽度与两侧闸墩之间的净距相等，在立面上的高度与闸墩高度相等或略低。在设计状况下，闸墩墩顶高程应大于上游水位一定高度，以保证安全运行。在闸门迎水面上部布设有浮球轴（浮球轴位置可以根据现有技术通过受力分析计算确定），浮球轴通过铰或轴承固定在闸门上，浮球轴两端分别设置有相同的浮球，浮球的重量、内腔体积大小可以根据现有技术以闸门重量及闸门相应的开启度等参数，通过受力分析计算确定。由于浮球及闸门受到水的浮力作用，当向下游取水时，可以自动控制闸门顶到上游水位之间的垂直距离，控制引水量大小。闸门上部的浮球轴通过钢索与卷扬机连接，钢索布置在浮球室内。卷扬机固定在闸墩顶部，卷扬机的固定位置以不影响提升闸门为准，其作用是在不取水时，由卷扬机提升闸门，以使闸门关闭，防止水量浪费，而正常取水时，闸门不受钢索的牵引，而只受浮球浮力及自身承受的浮力作用，以保证闸门顶到上游水位之间的垂直距离（即堰上水头），确保引水量的大小，以实现衡量取水的目的。浮球设置在两侧闸墩内的浮球室内，浮球室是在浇筑闸墩时在闸墩背水面预留的一个空腔，闸底板上与浮球室相对应位置也设置有与浮球室大小一致的闸底板浮球室，浮球室在迎水面设置有进水口，加之在浮球轴与闸墩相交处设置有与浮球室相通的浮球轴通道，可以使浮球室内的水与水源相通，这样可以使浮球室内的水位与水源的水位等高，同时由于进水口及浮球轴通道面积较小（浮球轴通道仅够放置浮球轴），水通过时受到一定的阻力作用，当水源水位有较大波动时，能使浮球室内的水位相对稳定，从而可以避免浮球过度波动引起堰上水头过分地忽高忽低，致使取水流量忽大忽小，从而影响取水量的稳定性。闸门关闭时，闸门两侧的浮球支撑在浮球室的壁面上，防止闸门向下游转动；闸门全开时，闸门两侧的浮球支撑在闸底板浮球室内，以使闸门能放置在水平状态，此时达到最大取水量。

前倾式自动衡量取水空心闸门工作时，浮球及闸门在受到水的浮力作用下，可以使闸门自动地绕着闸门轴转动，以使闸门的顶部产生上升或下降运动，并使闸门的顶部高程低于上游水源水位一定高度，且保持不变，完成定量取水的目的，由于引水是引取的水源表层的水，实现了引水水温较高并减少泥沙引入的目的。

上游水量一定时，其水位为一定值，放松卷扬机钢索，由于两侧浮球室内充满了与上游水源水位等高的水量，使浮球受到浮力作用，同时，闸门亦受到水的浮力作用，可以使闸门顶部保持与水源水位一定的垂直高差，保证堰上水头不变，从而保证引水量的稳定，由于前倾式自动衡量取水空心闸门引水是从闸门顶部将水引入，所以下部的闸门相当于拦沙坎，河床底部的泥沙就不容易引入，保证引入的泥沙含量最小，同时由于引取的是水源表层的水，其温度一般较高，更容易满足灌溉及其他部分用水的需要。

如果上游来水量增大，闸前水位升高到一定高度，则浮球及闸门在浮力作用下，浮球一直是漂浮在水面上的，这样闸门在浮力作用下可以随时随着上游水位的上升而旋转，使闸门向上浮升，闸门顶部一直保持与水源水面一定的高差，以满足引水需要；如果水源水位再升高，闸门则继续向下游方向旋转，而使闸门继续得到浮升，闸门顶部一直保持与水源水面一定的高差，以满足引水需要。闸门可达到的最大高度是由当地水源来水状况按一定设计保证率设计的，以在设计状况下能正常工作为依据。

如果引水过程中，上游来水量减小，水源水位下降，闸门及浮球在浮力作用下，浮球一直是漂浮在水面上的，这样空心闸门可以随时旋转，使闸门向下转动（朝上游方向转动），还是使闸门顶部一直保持与水源水面一定的高差，以满足引水需要；如果水源水位再下降，闸门则继续向下转动（使空心闸门顶下降），还是维持闸门顶部与水源水面一定的高差，保证一定的堰上水头，以满足引水需要，当水源水位再降低时，可使闸门达到最大开度，此时，闸门到达水平位置，以保证更大的引水需要。

如果引水完毕，则可通过卷扬机将闸门提起，使闸门向上旋转，达到关闭位置，闸门直立，此时，由于在闸门周边均设置有止水，可以防止漏水现象的产生，保证不产生漏水损失。

为保证有足够大的引水量，同时尽量减少泥沙的引入，闸底板高程要合理设计，可使闸底板高程稍高于河床高程。

前倾式自动衡量取水空心闸门具有以下优点：

(1)前倾式自动衡量取水空心闸门引水时只引取水源表层的水，解决了目前广泛使用的提升式闸门只能引取水源底层水的问题，引出的水泥沙含量小，水温较高，适宜供水需要，此时，闸门兼有拦沙坎的作用，对于灌溉引水来说，由于引入的泥沙少，防止了土地沙化，同时水温较高，适宜作物的生长。

(2)能自动衡量取水。通过闸门及两侧浮球的浮力作用，能随时随着上游水位的升降来调整闸门的开度，保证闸门顶到水源水面之间的垂直高差，保证一定的堰上水头和引取水量大小。

前倾式自动衡量取水空心闸门创新点是：

(1)将闸门在外力作用下的垂直升降运动设计成围绕门轴转动的运动，大大减小了闸门开启或关闭时需要的动力，从而使闸门工作更加稳定。

(2)利用了浮球的浮力作用来自动控制闸门的开度，实现了对闸门开度的即时控制，实现了闸门的自动衡量取水。

(3)闸门引水时只引取水源表层的水，提高了引入水量的水温，同时闸门兼有拦沙坎的作用，减少了泥沙含量。

前倾式自动衡量取水空心闸门设计原理独特，解决了目前闸门无法取用表层水、引水泥沙过多、水温低及操控力较大等问题，无论在技术方面，还是使用性能等方面，均产生了质的飞跃。

第三节 泵站充水技术

为减少基坑开挖，降低工程造价，方便施工，利于厂房的采光、通风、防潮等，一般离心泵应在不汽蚀的条件下，尽量地抬高水泵安装高程，这样一来，水泵在启动前必须要先充水，否则，水泵无法正常启动，还可能会引起汽蚀、振动，水泵无法正常工作。所以，正值安装高度的离心泵在启动前必须要先充水。目前，离心泵主要有两类充水方法：一类是进水管进口安装底阀充水，一类是不设底阀充水。

对于小型的或不经常使用的离心泵泵站，特别是广大农村，在灌溉作物时，水泵经常采用流动式运行方式，由于没有可用的电源，多数采用内燃机作为动力，无法使用真空泵充水系统进行充水，只能在水泵进水管口安装底阀（莲蓬头）。采用人工方式为水泵充水，致使劳动强度大，同时由于底阀处水头损失较大，降低了泵站运行效率，且会时常出现底阀关闭不严或无法关闭的现象，致使底阀漏水，不能完成水泵充水的需要，使用不方便，使水泵充水变得比较困难。

上述充水方式的改进形式为水上式底阀充水方式，即将底阀由进水管口移至进水管中间适当的位置，但它需要有足够长的进水管道，才能完成水泵充水过程，而且底阀的存在致使水头损失增加，降低了泵站运行效率。

为减少底阀带来的能量损失，改进的方法是进水管上不设底阀，可采用真空水箱充水，具体方法是将真空水箱装置在进水管上，使得进水管分为两段，增加了进水管长度，而且需要在水泵进口前加装闸阀，这样进水管形状变得复杂，从而改变了水流流态，造成了能量损失，亦降低了泵站的运行效率。

对于大中型的离心泵泵站较多地采用真空泵充水系统充水，进水管上去掉了底阀，减小了此处水头损失，提高了泵站运行效率，且自动化程度高。但真空泵机组需要有专门的配电系统，每次水泵充水都需要启动真空泵机组，需要消耗一定能量。它主要使用于大、中型的电力泵站。此外，还有手动泵充水法、射流泵充水法、水泵从压水管引水法等，也都存在一定的不足。

一、水泵浮球阀式自动密封水箱充水技术

水泵浮球阀式自动密封水箱充水装置主要由在运行过程中能自动形成真空的水箱、水位计、灌水孔（兼作检修孔）、进水管、充水管、水管闸阀、排水管、排水管闸阀、浮球阀、浮球、排气管、排气阀（单向阀，只允许水或气体向外流动）、水泵进水管、水泵、水泵出水管、出水管闸阀等构成（见图2-5）。

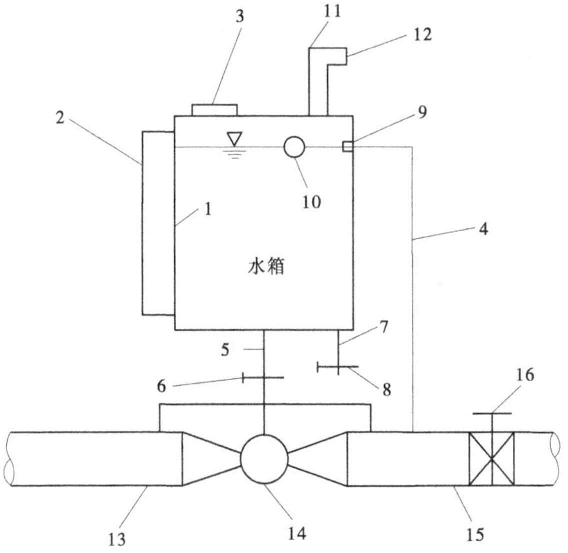

1—水箱；2—水位计；3—灌水孔（兼作检修孔）；4—进水管；5—充水管；6—水管闸阀；
7—排水管；8—排水管闸阀；9—浮球阀；10—浮球；11—排气管；12—排气阀；
13—水泵进水管；14—水泵；15—水泵出水管；16—出水管闸阀

图2-5　水泵浮球阀式自动密封水箱充水装置

该充水装置使用在水泵进水管无底阀的泵站中，第 1 次使用时，先将水管闸阀、排水管闸阀关闭，打开灌水孔（兼作检修孔），可用人工方法灌水到水箱，并直到充满，完成后将灌水孔（兼作检修孔）关闭，进入准备工作状态。水泵工作前，直接打开水管闸阀，水通过充水管自动灌入水泵及水泵进水管内，同时水泵及进水管中的气体被排入到水箱中，当水泵进水管、水泵的内腔及出水管闸阀前的出水管内全部充满水后，整个系统会达到平衡状态，这样就完成了水泵充水过程，此时可将水管闸阀关闭，即可启动水泵。

水泵启动后，通过进水管将水输入到水箱中，由于水体的增加，使水箱中的气体压力升高，在一定的气压作用下，可以将排气阀冲开，并由排气管排出，以防止水箱中形成压缩气体，随着水箱中水位的不断升高，浮球被逐渐浮起，水位升高到一定高度时使浮球阀自动关闭，完成水箱灌水过程，以备下次水泵充水使用。这样，以后每次水泵充水时，可直接由水管闸阀控制，即把水管闸阀打开时，水会自动流入水泵进水管、水泵内腔及水泵出水管中，自动完成水泵充水任务；在水泵启动后，又会自动完成向水箱中灌水的任务，这样周而复始，实现泵站的充水。如果水管闸阀采用电动阀，可以实现水泵的自动充水。所以，该装置使用于进水管不布设底阀的泵站，这样既省去了底阀，也省去了真空泵机组，既减小水头损失，也节省了能耗，可以实现节能运行。

本装置的充水管设计充分考虑了水泵进水管设计的需要：①为了充水，要求泵进口前面的进水管水平安装或有一向前的倾斜，防止进水管中积气。②由于一般情况下进水管直径大于泵进口直径，为了使水流较为平顺地引入水泵，以减小水头损失，设计时，需要在水泵进口处设置偏心渐缩管，但由于偏心渐缩管的存在，使此处的水流状态发生较大改变，增加了水头损失。为解决这些问题，将充水管的出口设计成 3 个，分别与水泵进水管、水泵和水泵出水管的最顶点连接，而把进水管与水泵进口处的偏心渐缩管设计成正心渐缩管，进水管也可设计成任何形式，不会影响水泵充水，解决了进水管设计受限问题。

（1）充水装置只有在第 1 次使用前人工充水一次，以后在水泵运行过程中，即可将水箱自动充满水，以备下次充水使用。

（2）充水装置在工作过程中承受的压力不大（最大只承受 1 个大气压），对水箱材料强度要求不高，还可以自行加工，价格低。

（3）泵站通过开关控制即可实现水泵的充水，这样省去了底阀和真空泵站抽气系统，降低了投资，减小了进水管进口处的水头损失，使用方便、灵活，省工、省力、节能。

（4）如图 2-5 所示，将充水管与水泵进水管、闸阀前的出水管及水泵泵腔的最高点连接，可以使水泵进水管的设计具有任意性，使水泵进水管的布置不受限制，无论水泵进水管道如何布设，管道内总不会积气，都可以把水泵及水泵进水管内充满水，而不影响水泵充水工作。使得水泵进水管的设计有了重大改变。

根据地形等条件需要，水泵进水管可上弯也可下弯，解决了为防止充水时，在水泵进水管中存留气体而影响水泵的正常运行，需要把水泵进水管设计为水平甚至要使水泵进水管有一向上坡度的问题。

（5）可以把水泵进水口处的偏心渐缩管改进为正心渐缩管，使进入水泵的水流状态更好，进一步减小了此处的水头损失，提高了泵站运行效率，同时提高了水泵的抗汽蚀性能，是对泵站进水管设计的革命性改革。

该泵站充水装置的研究,很好地解决了水泵充水问题,节省了设备投资,使用方便;另外,改变了泵站进水管路的设计理念,使水泵进水管设计具有了很好的灵活性,同时可以减小管路水头损失,提高泵站的运行效率,提高泵的抗汽蚀能力。充水装置的研究应用,为更好地对泵站进行技术改造打下了坚实的基础。

二、水泵进排气阀式自动密封水箱充水技术

水泵浮球阀式自动密封水箱充水装置,第一,有时会出现排气阀(单向阀)不能正常关闭的现象,致使不能很好地形成真空;第二,由于采用浮球阀,其浮球只能设置在水箱内部,致使水箱上部的部分容积不能被利用,使得水箱体积增加较大,且检修不便;第三,连接水箱与水泵的排气补水管上未设置闸阀,在水泵正常工作时,水箱中的水一直被加压,使水箱承受较大水压力,可能会导致漏水事故的发生。

为了解决上述问题,在泵站浮球阀式自动密封水箱充水装置的基础上,研制一种泵站进排气阀式自动密封水箱充水装置,使用本装置为水泵充水,既省去了底阀,又省去了真空泵抽气系统,降低了投资,减小了进水管进口处的水头损失,使用方便、灵活,省工、省力、节能,在流动式泵站中更加实用。

水泵进排气阀式自动密封水箱充水装置由充水排气管、充水排气管闸阀、水泵、水泵出水管、水泵出水管闸阀、支架、水箱、水位计、灌水孔、进排气阀(进排气阀阀体)、浮体、连杆、正心渐缩管、排气补水管和排气补水管闸阀等组成(见图2-6)。

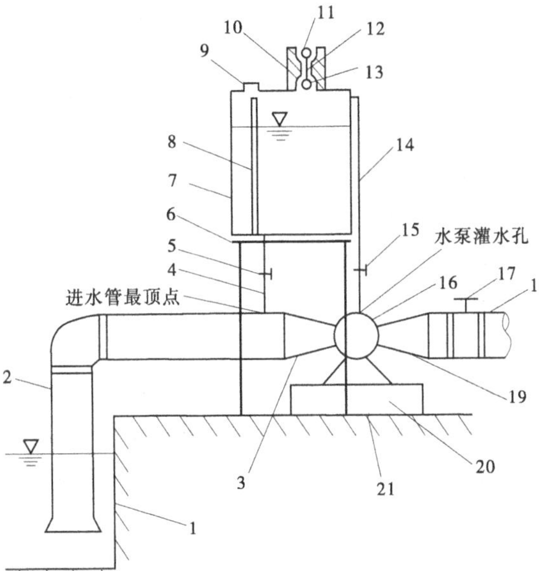

1—进水池;2—水泵进水管;3—正心渐缩管;4—充水排气管;5—充水排气管闸阀;
6—支架;7—水箱;8—水位计;9—灌水孔;10—进排气阀(进排气阀阀体);
11—上浮体;12—连杆;13—下浮体;14—排气补水管;15—排气补水管闸阀;
16—水泵;17—水泵出水管闸阀;18—水泵出水管;19—正心渐扩管;20—机组基础;21—泵房地面

图2-6　水泵进排气阀式自动密封水箱充水装置

水箱固定在支架上，支架固定在泵房地面上，水箱顶部与进水池最低运行水位之间的垂直高度不宜超过 10 m，水箱底部高于水泵进水管和水泵最顶部；水箱通过充水排气管与水泵进水管最顶点连接；充水排气管道上安装有充水排气管闸阀；排气补水管上安装有排气补水管闸阀；排气补水管上端与水箱内腔相连通，下端与水泵最顶部的水泵灌水孔连接；进排气阀安装在水箱最顶部；水箱外安装有水位计，水位计上、下两端均与水箱内腔连通；水箱顶部设置有灌水孔，灌水孔用孔盖密封，在孔盖与水箱体之间加装密封垫；水泵进水管与水泵进口之间安装正心渐缩管。

进排气阀由进排气阀阀体、上浮体、下浮体及连杆组成。进排气阀阀体外形为圆柱形，进排气阀阀体内部上下两端设有弧形凹槽，弧形凹槽之间为圆柱孔，连杆放置在圆柱孔内，连杆直径小于进排气阀阀体内部中间段圆柱孔的直径，使它们之间留有一定的缝隙，以使水箱上部气体能及时从连杆与进排气阀阀体内部中间段圆柱孔之间的缝隙排出，连杆可以在进排气阀阀体的圆柱孔内上、下移动；上浮体连接固定在连杆上端，下浮体连接固定在连杆下端，连杆、上浮体和下浮体成为一个整体，称为浮子；连杆长度不宜过长，以能使水箱补水时，水箱上部气体能及时从下浮体与进排气阀阀体下部弧形凹槽面之间的缝隙和上浮体与进排气阀阀体上部弧形凹槽面之间的缝隙中排出为宜；当水泵充水时，水箱中水位下降，下浮体受到的浮力逐渐减小，浮子会逐渐向下移动，当上浮体与进排气阀阀体上端弧形凹槽面接触时，进排气阀自动关闭，使水箱自动密封；当水箱补水时，水箱中水位不断上升，水箱上部气体压力不断增加，当其压力增加到一定程度时，浮子在气体压力作用下向上移动，进排气阀自动打开，气体会从浮子与阀体之间的缝隙中排出；随着水箱中水位不断上升，下浮体受到水的浮力作用，逐渐上移，当下浮体与进排气阀阀体下部弧形凹槽面接触时，进排气阀自动关闭，防止水箱中水体溢出，此时完成补水过程。

如图 2-6 所示，第 1 次使用时，先将充水排气管闸阀关闭，打开灌水孔，向水箱灌水，直到灌满为止，完成后将灌水孔关闭。水泵工作前，关闭水泵出水管闸阀，打开充水排气管闸阀，水在重力作用下，通过充水排气管自动灌入水泵、水泵进水管和水泵出水管内，随着水箱中水位下降，箱中压强减小，在重力和外面大气压作用下浮体下降使进排气阀自动关闭，形成一定的真空。随着进水管、水泵内腔和水泵出水管中水位不断上升，其内部气体通过充水排气管及排气补水管被排入水箱上部。由于充水排气管连接在进水管最顶点处、排气补水管连接在水泵最顶部，所以水泵进水管及水泵中的气体会全部排入水箱中。当水泵进水管、水泵内腔全部充满水后，整个系统会达到一种真空平衡状态，此时水箱中水位不再下降(可由水位计观察而知)，这样就完成了水泵充水过程，将充水排气管闸阀关闭，即可启动水泵。

水泵启动后，一部分水通过排气补水管将水输入到水箱中，由于水体的增加，使水箱中的气体压力升高，气体经进排气阀向外排出；随着水箱中水位的不断升高，浮体被逐渐浮起，水箱充满水时进排气阀自动关闭，完成水箱补水过程，以备下次水泵充水使用。以后每次水泵充水时，可直接由充水排气管闸阀和排气补水管闸阀控制，即把闸阀打开时，水会自动流入水泵进水管、水泵内腔中，自动完成水泵充水任务；当水泵启动后，又会自动完成向水箱中的补水任务，这样周而复始，实现了泵站的充水。

本装置在设计充水排气管时，进行了科学合理的设计：

第一,将浮球阀式自动密封水箱充水设备中排气阀(单向阀)与浮球阀改进为进排气阀,很好地替代了两阀的作用。解决了排气阀有时不能正常关闭的现象,致使不能很好地形成真空,有时甚至不能完成充水的问题。

第二,将进排气阀布置在水箱顶部,在水箱补水过程中,可使水箱内所有气体排出,有效地减小了水箱的体积,降低了造价,减小了占用空间,便于设备的布置、安装。解决了水箱上部的部分容积不能被利用,致使水箱体积增加的问题。

第三,在水箱与水泵顶点(水泵灌水孔)之间设置的排气补水管上,加设了排气补水管闸阀,能充分将水泵内腔的气体排出,保证了水泵的充水。同时,完成了水箱的补水任务,为水泵下次充水做好了准备。当补水完成后,可以关闭此闸阀,解决了水泵工作期间,水箱一直受到较大水压的问题,保证了设备工作的稳定性。

此外,将充水排气管布置在进水管最顶点处,可以使进水管的设计具有任意性,无论水泵进水管道如何布设,水泵充水时,管道内不会积气,很好地解决了要求水泵进水管水平安装或向上倾斜安装的问题。把进水管与水泵进口处的偏心渐缩管改进为正心渐缩管,使得水泵进口处水流流态更佳,提高了泵站运行效率及水泵的抗汽蚀性能。解决了进水管设计受限问题,是对泵站进水管设计的重大改进。

水箱可以用钢板焊接并做好防锈及防漏处理,或用其他材料(如钢筋混凝土等)制成。可制作成方形或圆形,圆形较好。水箱安装高度为:其顶部与进水池最低运行水位之间的垂直高差不宜超过 10 m,安装高度越低,水箱内的负压越小,同时水箱底部要高于水泵进水管和水泵最顶部;水位计用透明硬管制成,安装在水箱外,其上、下两端均与水箱内腔连通,以便观察水箱中的水位;充水排气管及排气补水管用钢管制作,为了缩短水泵充水时间,其管径可适当增大一些。

灌水孔用孔盖密封,在孔盖与箱体之间加装密封垫,用螺栓固定。需要检修水箱内部时,可将充水排气管闸阀打开,将水放空。水箱体积较大时,灌水孔可兼作进人孔。

本装置在使用时,按以下步骤操作:

(1)关闭充水排气管闸阀和排气补水管闸阀,通过灌水孔,向水箱中灌满水。本装置只有在第 1 次使用前,向水箱中充水一次,以后水泵再运行时,可自动完成水箱补水。

(2)用孔盖封闭灌水孔,孔盖与箱体之间加装密封垫,用螺栓紧固。

(3)水泵充水时,先关闭水泵出水管闸阀,使水泵出水管闸阀前的水泵出水管、水泵内腔及水泵进水管形成一密闭空腔。

(4)打开充水排气管闸阀、排气补水管闸阀,水箱中的水在重力作用下,通过充水排气管自动灌入水泵进水管、水泵内及水泵出水管闸阀前的出水管中,其中的气体会从排气补水管及充水排气管排入水箱中。观察水位计中水位,当水位不再下降时,说明水泵进水管、水泵内腔已全部充满水,完成水泵充水过程,将充水排气管闸阀关闭,即可启动水泵。

(5)水泵启动后,一部分水通过排气补水管将水输入到水箱中,随着水箱中水位的不断升高,水箱上部气体由进排气阀排出,水箱充满水后,进排气阀自动关闭,完成水箱补水过程,以备下次水泵充水使用。水泵正常工作后,将排气补水管闸阀关闭,以防止水箱在泵站发生水锤时破坏。

(6)以后再启动水泵时,重复上述步骤,即可完成水泵的充水及水箱的补水,周而复始，即可实现水泵的充水。

充水排气管闸阀、排气补水管闸阀可采用电动阀，即可实现水泵的自动充水工作。

该泵站进排气阀式自动密封水箱充水设备的研制，很好地解决了水泵充水问题，既省去了底阀，又省去了真空泵机组，可以实现节能运行。另外，改变了泵站进水管路的设计理念，使进水管设计具有了很好的灵活性，同时可以减小管路水头损失，提高泵站的运行效率，提高泵的抗汽蚀能力。泵站进排气阀式自动密封水箱充水设备的研究应用，为更好地对泵站进行技术改造打下了坚实的基础。

三、堵阀式泵站人工充水技术

堵阀式泵站充水装置包括堵阀、桁架槽、桁架、螺杆、支架和电动或手动螺母。

如图 2-7 所示，堵阀形状与水泵进水管进口相吻合，堵阀整体呈锥形，可用具有一定弹性和一定刚性的材料做成，要求质量小，堵阀设置在进水管进水口正下方桁架的横梁上，只能随着桁架上下移动，而无其他方向的移动，桁架只能在螺杆上下移动，螺杆移动时，可通过桁架带动堵阀上下移动，堵阀要布置在进水管进水口正下方，两者的轴线要求重合。

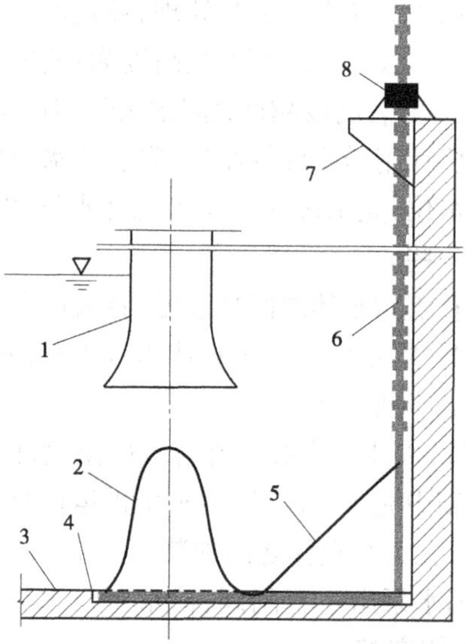

1—水泵进水管；2—堵阀；3—进水池池底；4—桁架槽；5—桁架；
6—螺杆；7—支架；8—电动或手动螺母

图 2-7　堵阀式泵站人工充水装置

桁架由横梁、竖梁和斜梁组成，是用于固定堵阀的杆件结构，可用具有一定强度和刚度的材料（如金属材料、合金材料等）做成，要求工作过程中，桁架不产生变形，并做好防锈工作；桁架竖梁上端与螺杆刚性连接，螺杆可用金属材料做成，并做好防锈处理，这样堵阀就通过桁架固定在螺杆上；支架用于固定桁架的结构，可用金属材料做成，并固定在进水池的池壁顶部，桁架通过电动或手动螺母固定在支架上；桁架的上下移动可以依靠电动或手动螺母的旋转带动。电动或手动螺母用金属材料制成，并能很好地与螺杆吻合，以控制螺杆的上下移动。这样，当螺母旋转时，螺杆可以在沿着地面的铅直方向上下移动，再通过桁架，以控制堵阀上下移动，完成封堵进水管进水口的要求。

桁架槽布置在水泵进水管下方的进水池池底上，在浇筑进水池池底时浇筑完成，其长度、深度、宽度以能使桁架放入，并能使堵阀底部刚好与进水池池底紧密接触为宜。这样，当水泵正常工作时，桁架底部的横梁可以放置其内。

当堵阀向上移动时，可以将进水管进水口堵住，此时，当向水泵内灌水时，不至于使水沿着水泵进水管而由进水管进水口流入进水池内，以完成为水泵充水的任务；在水泵正常启动后，再将堵阀向下移动，直至与进水池池底相接触，桁架底部的横梁正好移至进水池池底的桁架槽内，这样，就完成了为水泵充水的过程。此时，堵阀底部与进水池池底紧密接触，即堵阀被固定在了进水池池底上，如果进水池中产生附底涡，堵阀又成了设置在进水管口下方、进水池池底上的导水锥，起到了导水的作用，刚好起到了消除进水池附底涡的作用；再者，由于桁架的纵梁及螺杆布置在靠近进水池后墙的位置，还可以起到消除附壁涡的作用，这样堵阀既可以当作水泵充水设备使用，也可以当作消除进水池附底涡、附壁涡的设备使用。

具体工作过程如下：

当水泵需要工作时，首先关闭水泵出水管上的闸阀，再启动电动或手动螺母，使螺杆上移，螺杆通过桁架带动堵阀上移，直至将水泵进水管进水口全部堵上。这样，可通过水泵最顶端的灌水孔向水泵内灌水，在重力作用下，灌入水泵的水会流入水泵进水管，由于堵阀的封堵作用，进入水泵进水管的水就不会流入进水池内，而是一直储存在水泵进水管内，同时，进水管中的气体由水泵灌水孔排入大气中，当灌入水泵一定水量时，水就会逐渐充满水泵进水管、水泵内腔及闸阀前的一段水泵出水管，进水管、水泵内腔及闸阀前的一段水泵出水管内的气体全部排入大气中，完成水泵充水的要求。在水泵充水完成后，封堵住水泵灌水孔，可正常启动水泵；在水泵正常启动后，再启动电动或手动螺母，使螺杆下移，直至使桁架底部进入进水池池底的桁架槽内。此时，进水管直接与进水池中的水源相通，然后可缓慢打开闸阀，进水池中的水可以由进水管进水口进入进水管，再由水泵输送到水泵出水管，水就可以被输送到所需要的地方，使水泵进行正常工作。

当堵阀下降到最低点时，可以很好地消除水中涡（附底涡、附壁涡），起到稳定进水池水流状态的作用。所以，堵阀在此共有两大作用。

当下次水泵再启动时，重复上述过程，完成水泵充水的要求。

如果水泵出水管上设置有逆止阀或闸阀，则在第1次工作完成后，会在出水管内储存着一定量的水，而以后的水泵充水，可以先将堵阀上移，将进水管进水口封堵住，再将出水管中的水倒灌进水泵内腔和进水管内，这样可以完成水泵充水的要求。以后的水泵充水，可按上述步骤完成即可。

堵阀式泵站人工充水技术具有以下优点：

(1)可以省去底阀（莲蓬头），而将进水管口做成喇叭口状，也可完成水泵充水的作用，这样可以在很大程度上减少底阀处的能量损失，提高泵站运行效率；

(2)结构简单，可以替代真空泵充水系统、真空水箱充水系统、水上式底阀充水系统等，投资省，使用灵活方便。

(3)堵阀兼有防止附底涡产生的作用,能很好地稳定进水池中水的状态,为水泵提供良好的工作状态,减少水流能量损失。

四、水泵牵引式底阀充水技术

在水泵运行时,水泵牵引式底阀充水装置的盖板可以在自重及牵绳的作用下,紧紧贴靠在滤网呈现平面的一侧,既减小了莲蓬头内的水头损失,又省去了真空泵抽气系统,同时滤网起到了很好的过滤作用,保证了水泵的正常运行,使用方便、灵活,满足了生产需要。

水泵牵引式底阀充水装置包括滤网、吊环、盖板、轴承、水泵进水管、进水喇叭管、固定环、牵绳、旋转轴和密封条等(见图2-8)。

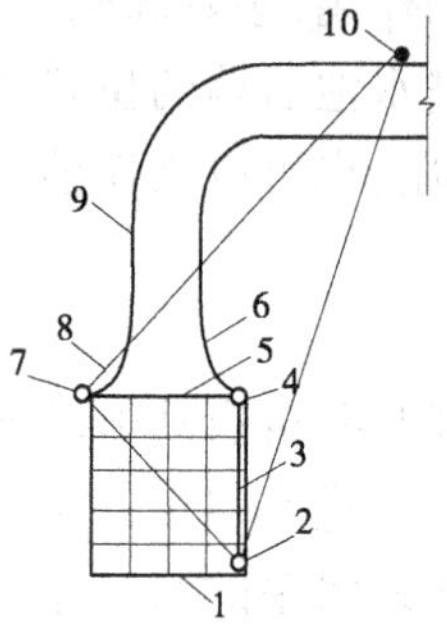

(a)水泵牵引式底阀充水装置结构图

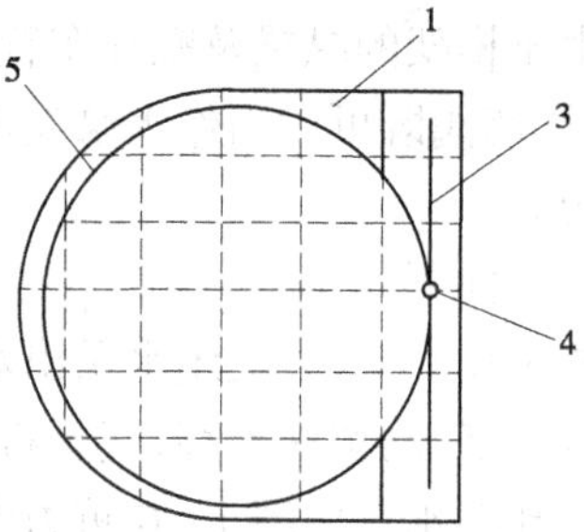

(b)滤网平面图

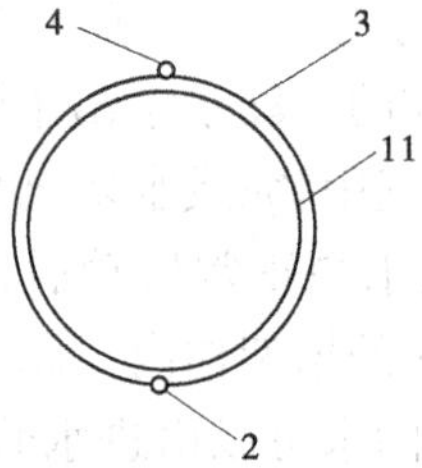

(c)盖板大样图

1—滤网;2—吊环;3—盖板;4—轴承;5—进水喇叭口;6—进水喇叭管;
7—固定环;8—牵绳;9—水泵进水管;10—旋转轴;11—密封条

图2-8　水泵牵引式底阀充水装置

如图2-8所示,滤网横断面呈城门洞形,即有一侧为平面状,滤网一端开口,滤网开口端向上罩在进水喇叭管下端并可通过螺栓固定在进水喇叭管上,滤网可用细钢筋或其他材料做成,主要起过滤作用;盖板是一块与进水喇叭口大小相吻合的圆形构件,可由具有一定强度和一定刚性的材料做成,如钢板或硬塑料板等,盖板布置在滤网里面,盖板通过轴承可活动地连接在进水喇叭管内缘,使盖板可以绕着轴承旋转,即可通过牵绳带动盖板绕轴承转动,当盖板被牵绳拉紧并紧压在喇叭口上时,将进水喇叭口堵住,在盖板与喇叭口接触的地方,设置有密封条,可由柔性材料制成,如橡胶、塑料等做成的圆环形的止水条,主要作用是防止灌泵时灌入水泵内的水经由盖板与喇叭口接触的缝隙处漏出,起到止水作用;吊环固定在盖板的最下方,可采用钢环或铸铁环等,用于固定牵绳;进水喇叭管外缘设置有固定环,固定环为一固定在进水喇叭口外缘的刚性环,也可采用钢环或铸铁环等,主要用于引穿牵绳;旋转轴设置在水泵进水管上端,这样可以把牵引绳通过固定环、吊环及旋转轴环套起来;牵绳可用柔软的细钢丝或塑料绳做成,要求有足够的强度,牵绳环套在固定环、吊环与旋转轴上,同时牵绳与吊环之间紧密连接,不能产生相互位移,牵绳以拉紧盖板,并在向泵内灌水时不至于被拉断为宜;旋转轴可采用手动、电动或手动电动兼有的布置方法,当旋转轴转动时,可以带动牵绳逆时针或顺时针旋转,牵绳主要用于牵拉盖板,要求有足够的转动力矩,能拉紧盖板,并保持水灌入水泵后,不会由盖板与喇叭口接触缝隙漏出为宜。

具体过程如下:

水泵牵引式底阀充水装置工作时,即当水泵需要运行工作之前,首先关闭水泵出水管上的闸阀,再通过手动或电动的方式启动旋转轴,使旋转轴顺时针转动,旋转轴旋转时,可以带动牵绳移动,盖板在牵绳的作用下,沿轴承顺时针转动,直至将水泵进水管喇叭口全部堵上,停止旋转轴的转动,并使牵绳一直拉紧。这样,可通过水泵最顶端的灌水孔向水泵内灌水,在重力作用下,灌入水泵的水会流入水泵进水管,由于盖板的封堵作用,进入水泵进水管的水就不会流入进水池内,而是一直储存在水泵进水管内,同时水泵进水管中的气体由水泵灌水孔排入大气中,当灌入水泵的水达到一定水量时,水就会逐渐充满水泵进水管、水泵内腔及闸阀前的一段水泵出水管内,水泵进水管、水泵内腔及闸阀前的一段水泵出水管的气体全部排入大气中,完成水泵充水的要求。在水泵充水完成后,封堵住水泵灌水孔,可正常启动水泵;在水泵正常启动后,再启动旋转轴,并使旋转轴逆时针转动,带动牵绳逆时针移动,使盖板产生绕轴承的逆时针转动,直至使盖板紧紧贴靠在滤网平面一侧。此时,水泵进水管直接与进水池中的水源相通,然后可缓慢打开闸阀,进水池中的水可以由进水喇叭口进入水泵进水管,再由水泵输送到水泵出水管,水就可以被输送到所需要的地方,使水泵进行正常工作。当下次水泵再启动时,重复上述过程,可完成水泵充水的要求。

如果水泵出水管上设置有逆止阀或闸阀,则当第1次工作完成后,会在出水管内储存着一定量的水,而以后的水泵充水,可以先将盖板压紧进水喇叭口,将进水喇叭口封堵住,再将出水管中的水倒灌进水泵内腔和水泵进水管内,这样可以完成水泵充水的要求。以后的水泵充水,按上述步骤完成即可。

水泵牵引式底阀充水装置通过旋转轴转动,带动牵绳移动,从而带动盖板转动,以封堵进水喇叭口,满足水泵充水的要求,具有以下优点:

(1)可以省去底阀(莲蓬头),而将进水管口做成喇叭口状,也可完成水泵充水的作用,这样可以在很大程度上减少底阀处能量损失,提高泵站运行效率;

(2)结构简单,可以替代真空泵充水系统、真空水箱充水系统、水上式底阀充水系统等,投资省,使用灵活方便。

第三章　新型波涌流灌溉理论与技术

波涌流灌溉是一种新型地面节水灌溉技术，它根据畦（沟）的长度，把连续供水时间分成几个有停水间隔的供水时段，间歇性地向畦（沟）中灌水，直到完成整个畦（沟）的灌水。一次放水和它后面的停水过程组成一个周期，一次波涌流灌溉至少由两个周期组成。通过几次供水和停水过程，使田面周期性地经历水流通过和水面落干的过程，田面受此过程的影响，表层土壤结构被明显改变，一层较完善和光滑的致密层会在土壤表层形成，这层致密层能够使土壤入渗性能显著降低，阻碍水分下渗，减少渗漏量，进而达到节水的效果。除了减渗节水，波涌流灌溉还具有水流推进速度快、灌水均匀、调节表层土壤温度、保肥、增产、可直接利用浑水灌溉、设施投资费用相对较低和可实现自动化等诸多优点，是一种值得推广利用的节水灌溉技术。

波涌流灌溉系统一般由水源、波涌阀、控制器和管道组成，其中波涌阀和控制器是整个系统的核心部分，而且得以商品化。控制器由微处理器、电动机、可充电电池及太阳能电池板组成，外部由合金外罩保护。控制器的作用是实现波涌阀开关的转向，定时控制双向供水时间并自动完成切换过程。控制器多采用程序控制的方式，程序可自行计算和设置蝴蝶阀的开关时间。目前美国市场上的控制器主要为 STAR 控制器和 PRO JR Ⅱ控制器。美国市场上的波涌阀按动力分主要有水力驱动式和太阳能（蓄电池）驱动式两类，按结构形式分有单阀和双阀两类。此外，其他国家，如葡萄牙和日本也研制出先进的波涌流自动灌溉系统。而当时的中国还没有自主的波涌流自动灌溉装置，只能进口美国和日本设备，但因价格昂贵，设备仅作研究用品，不能大规模地应用到生产中去。

因北方缺水现象较为普遍，农业用水严重不足，北方学者进行了大量的波涌流灌溉试验，对波涌流灌溉水流推进机制和入渗机制进行了细致的研究，根据不同的灌溉条件提出许多灌溉机制和入渗模型，对波涌流灌溉技术在中国的发展做出了重要贡献。南方的波涌流灌溉试验研究相对较少，但也提出了许多针对水稻种植的波涌流灌溉机制，对南方的节水灌溉发展起到了积极的推进作用。

进行波涌流灌溉的条件相对喷灌、滴灌等其他类型的节水灌溉要求较低，对水质没有要求，有的学者还专门对浑水波涌流灌溉进行了研究，证明浑水波涌流灌溉的节水效果更优。有许多地区已经将波涌流灌溉在不同作物种植中进行了应用试验，证明波涌流灌溉具有增产效果。

要将波涌流灌溉技术应用到日常生产中，相应的自动灌溉设备是必要条件之一，并且设备成本不能太高，否则波涌流技术根本不能得到大面积的推广应用。相对于波涌流灌溉技术理论的研究，我国的波涌流设备研制开始时间较晚，但经过二十几年的发展，我国自主研制的适合中国灌溉习惯的波涌流灌溉设备已经出现很多，其中有适合管道的波涌流灌溉设备，也有波涌流渠道自动灌溉设备。我国的管道波涌流灌溉设备在材料的抗老化性、成本的低廉性、运行的可靠性等方面都做了考虑，简便实用，适合我国基本国情，且我国已具备设备批量生产的能力。这些设备的研制，对波涌流灌溉技术在我国的推广起到了重要作用。

实现波涌流灌溉的途径有两大类。第一，采用人工的方法，人工控制就是采用传统连续灌溉时开、堵畦（沟）口的办法，经人工控制实现波涌流灌溉，此法完成一次灌水，需多次开、堵畦（沟）口，费工且灌水人员劳动强度有所增大，但不需增加设备投资，仅将一般连续灌水改为波涌流灌水方法即可，对于衬砌灌区更加有效。第二，自动控制灌水是用装有波涌阀和自控装置的设备，即通过一定的控制设备来完成波涌流灌溉，它可以对灌溉中的各种性能参数实施自动控制，按预定的计划时间放水和停水，在灌水期间交替进行放水，直到灌水结束。

第一节　波涌流灌溉技术参数及其特点

一、波涌流灌溉技术参数

波涌流灌水过程和传统连续灌水过程是不相同的，波涌流灌溉是将一个较长的整个灌水过程分为若干周期来进行，畦田周期性地（间歇性地）受水和停水，而传统的灌水则是一次性地将灌水输入田间。所以，波涌流灌水技术参数除包括传统灌水技术参数外，还包括构成波涌流灌水过程的技术参数，传统的灌溉技术参数有畦田规格、单宽流量和放水（灌水）时间等，而波涌流灌水过程的性能参数还包括：

（1）灌水周期数 n：是指完成一次波涌流灌水全过程所需的循环次数。波涌流灌溉在灌水过程中分多次将畦田灌完，灌溉完成这一畦田需要灌水的次数即为灌水周期数。灌水周期数较少时，会使每次的灌水历时增加，而失去了波涌流灌溉的作用；灌水周期数过多时，会使改水频繁，若采用人工的方法，会增加劳动强度，管理不便，且节水效果不会增加。因此，对于一定的畦田应有较合适的灌水周期数。

（2）周期灌水时间 T_{on}：是指一个灌水周期内的灌水时间。此参数与周期数有直接关系，也不宜过大或过小。过大时会失去节水作用；过小时会使改水次数增加，而使管理不便。它还受循环率和净灌水时间影响控制。

（3）净灌水时间 T_o：是指某次灌水各周期灌水时间的总和。当采用定时段—变流程波涌流灌溉方法时，因各周期灌水时间相同，所以有：

$$T_o = nT_{on} \tag{3-1}$$

（4）周期停水时间 T_{off}：是指一个灌水周期内的停水时间。它是影响灌溉节水效果的主要控制因素，周期停水时间较小，田面尚未形成光滑致密层，与连续灌水相差不大，节水效果不明显。反之，周期停水时间过长，田面将会出现龟裂现象，过水面粗糙度增加，下次灌水时会使渗漏量加大，节水效果亦变差。

（5）周期时间 T_c：是指一个灌水周期所需要的时间，它等于某次灌水的周期灌水时间 T_{on} 和周期停水时间 T_{off} 之和，即

$$T_c = T_{on} + T_{off} \tag{3-2}$$

（6）循环率 r：是反映停水时间相对于灌水时间长短的参数。它是影响灌溉节水效果

和灌水质量的重要参数，循环率过大或过小都会使节水效果变差。循环率是指周期灌水时间 T_{on} 与周期时间 T_c 之比，即

$$r = T_{on} / T_c = T_{on} / (T_{on} + T_{off}) \tag{3-3}$$

这六个参数构成了波涌流灌水过程的技术参数，六参数中只要确定了净灌水时间 T_o、灌水周期数 n 和循环率 r 三个参数就可求得其他数值。实际上 T_o、n 和 r 是波涌流灌溉所需设计的主要依据，其余参数均可由相关关系式求得。所以，综合起来所需确定的波涌流灌溉技术参数有畦田规格（畦长 L 和畦宽 B）、单宽流量 q、净放水时间 T_o、灌水周期数 n 以及循环率 r 等。

二、波涌流灌溉的特点

（一）节水

波涌流灌溉是一种按一定时间间隔周期性地向畦（沟）供水的新型的地面节水灌溉方法，波涌流灌溉周期性的间歇供水方式，使土壤地表性状在灌水过程中发生变化，形成较密实的致密层。波涌流灌溉的节水机理是利用田面的交替过水和落干形成土壤表层的致密层，来减小地面粗糙率和降低土壤入渗性能。致密层的形成一方面引起土壤入渗能力的降低，另一方面使地表糙率减小，这两方面的共同作用为波涌流灌溉下一灌水周期创造了良好的边界条件。致密层的发展好坏对节水量的多少影响巨大，而致密层的发展情况与水流停歇的时间与次数有关，一般来说，在一定范围内，周期内停水时间越长，致密层发展得越好，周期数越多致密层发展得越充分，但周期停水时间过长也会导致致密层龟裂，减弱节水效果。一定范围内，畦田长度越长，灌水周期数越多，波涌流灌溉的节水效果越明显。但也不是周期数越多越好，试验证明当周期数到达四周期时，再增加周期数节水效果不会再增加，甚至可能会降低，一般短畦取小周期数，长畦取大周期数。另外，并不是所有畦田都适合波涌流灌溉，如果是透水性极强的土壤，田面很难形成致密层，减渗效果不明显。由大量的田间试验证明，波涌流灌溉具有明显的节水效果，波涌流灌溉比连续灌溉节水 10% ~40%。

（二）灌水均匀度高

由于波涌流灌溉的间歇性，土壤表层会形成光滑的致密层，使该土壤的入渗能力减小，使得下次灌水时，致密层能够减少入渗量，加快水流推进速度，所以能够减少灌水时间，另外波涌流灌溉使畦田的首部、中部和尾部的受水时间更加均匀，而减少了首部的深层渗漏量，增加了畦田尾部的入渗量，从而使畦田不同距离处的入渗量更加平均，提高了灌水均匀度，提高了灌水质量。其主要原因是大量减少了深层渗漏，特别是减小了畦田的入渗时间，减少了畦首的深层渗漏量，而使畦尾入渗量增加，从而使畦首、畦尾入渗量差距减小，而趋于平衡，灌水更均匀，其均匀度可达 80% 以上，提高了灌水效果，对作物生长更为有利，达到节水和高质量灌水的目的。

（三）水流推进速度快

波涌流灌溉第一周期的水流推进边界条件虽然与连续灌溉完全相同，但因为波涌流灌溉第一周期需要推进的距离短，水在畦田内的入渗距离短，所以速度要大于一次灌完整块畦田的连续灌溉。从第二灌水周期开始，波涌流灌溉的田面水流推进速度明显加快，这

是因为经过土壤第一次湿润后，已初步形成了致密层，形成较为光滑的表面，大幅度降低了土壤糙率，所以水流在流经有致密层的田面时，入渗率减小，阻力减小，水流速度成倍增加，且每个周期各自最大流程内的水流平均速度均要大于连续灌溉的水流平均推进速度，这样波涌流灌溉的整体水流推进速度就大于连续灌溉，起到节水省时的效果。节省了总灌水时间，节约了用水量，因此若水量不变，可扩大农田灌溉面积。

（四）对灌溉水质要求不高

喷灌、微灌等节水灌溉技术，虽然其节水率高，但一次性投资较大，维护费用非常高；另外，喷灌、微灌由于采用的喷头、灌水器出口较小，对水质要求很严格，经常出现被堵现象，必须对水进行严格的过滤处理，给运行管理带来不便，经济和能量耗费严重，不符合大面积推广的条件。

波涌流灌溉的改造费用很低，如果采用人工控制，甚至不需要改造费用，即可实现节水灌溉，群众乐于接受，而且波涌流灌溉是通过对开放水的控制达到节水目的的，对水质没有任何要求，无需专门净化设施，没有堵塞问题。所以，波涌流灌溉方式的适用范围更加广泛，适用性更强，更容易得到推广。浑水中的颗粒沉淀更加有利于土壤表层致密层的形成，节水效果比清水连续灌溉和清水波涌流灌溉效果都要好。所以，波涌流灌溉的另一个重要的特点是，可以直接用浑水进行灌溉。通过清水、浑水连续灌溉与波涌流灌溉的大田试验表明，无论清水、浑水或沟、畦灌，采用波涌流灌溉方式，其灌水效率及储水效率均高于同条件下的连续灌溉。这一规律与灌水均匀度的变化关系相符，在浑水条件下，无论连续灌溉或波涌流灌溉，其灌水效率均高于同条件的清水；在灌水条件一定时，随着计划湿润层深度的增大，其深层渗漏量相应也会减小，而灌水效率则随之提高。

（五）保肥增产

波涌流灌溉在节水省时的同时，也具有很好的增产效果。波涌流灌溉减少了畦田（沟）首部的深层渗漏量，减少了土壤养分的淋洗作用，作物生长就能有更加充足的水分和养分，所以畦田首部作物产量增高。

波涌流灌溉不仅节水，也有一定的增产效果。波涌流灌溉能够增产的重要因素是：①灌水均匀，灌水深度比连续灌溉要小，作物主根系范围水利用率高，深层渗漏水减少；②由于灌水均匀，深层渗漏减少，使得施入的化肥和土壤中的速效养分淋溶减少，保存在作物根系范围内的养分吸收利用率提高；③虽然波涌流灌溉会产生土壤致密层，使土壤容重增加，孔隙度下降，土壤密实，这似乎不利于土壤疏松和透气性能，但因波涌流灌溉产生的土壤致密层多在 2 ~ 5 cm 的地表层，表层之下与常规连续灌溉基本一致。因此，波涌流灌溉产生的地表致密层不影响作物正常生长，可充分发挥肥力，保证作物充分吸收利用，增加粮食产量。

（六）可解决长畦（沟）灌水难的问题

现今，我国各灌区内都存在很多长畦（沟），有的长达 300 ~ 400 m，灌水时水流推进速度慢，造成畦田首部的灌水历时非常大，深层渗漏水量巨大，甚至畦田首部的畦埂会被渗透冲毁，最终变成大水漫灌，水量浪费严重。而波涌流灌溉水流推进速度快，节水的同时提高了灌水均匀度，解决了长畦灌水难的问题。

（七）投资少，波涌流灌溉可实现自动化

因为波涌流灌溉相对于连续灌溉仅仅是增加了对停、放水时间的控制这一环节，波涌流灌溉设施可以在连续灌溉设施的基础上进行改造，额外的投资相对其他节水灌溉方式要少很多。若是采用人工灌水方式，波涌流灌溉基本不需要额外投资。

现在美国和日本的波涌流自动灌溉设备已经进行到商业化生产阶段，而近年来中国自主研发的波涌流自动灌溉设备也已经很多，可以实现自动化灌溉，推进波涌流灌溉技术的发展。

波涌流地面节水灌溉技术已有多年的发展历史，是一种在经济技术方面非常适合我国广大灌区现状的地面节水灌溉技术。为了较准确地控制各波涌流灌溉参数，提高灌溉水的利用率，实现自动波涌流灌溉，降低劳动强度，成功研制了在井灌区压力管道输水情况下的灌溉系统，波涌流地面节水灌溉技术已在一定程度上得到推广应用。但我国目前大多数灌区为渠道输水灌区，无法利用上述技术，限制了波涌流灌溉技术的发展。

为了解决上述问题，实现大田波涌流灌溉，研发了多种波涌流灌溉系统。使用这些系统进行农田灌溉，既不需要其他外动力，也没有对水质的限制，同时又可实现自动波涌流灌溉，有利于波涌流灌溉技术参数调控，有利于波涌流灌溉技术的推广，使用方便、灵活，省工、省力、节能。

三、波涌流灌溉灌水参数设计

目前采用的波涌流灌溉方式主要有三种。第一，定时段—变流程法。即每个灌水周期内放水时间和放水流量一定，而每周期内水流推进长度不等。第二，定流程—变时段法。每个周期内水流净增的推进长度相等，每周期的放水时间和放水流量不等。第三种，增量法。在第一周期内用大流量使水流快速推进至畦长的3/4位置时停水，在后继各灌水周期中，按定时段—变流程法或定流程—变流量法以较小流量满足设计灌水定额的灌水要求。综合考虑波涌流灌溉灌水管理的方便度、目前各灌区供水条件（等流量供水）和技术水平宜采用定时段—变流程法。以下针对此方法讨论波涌流灌溉灌水技术参数的确定。由于波涌流灌溉的复杂性，采用公式计算的方法不是很方便。因此，一般应根据试验或类似条件下的实际灌溉经验确定。

（一）总放水时间（净放水时间）T_o

总放水时间 T_o 即完成某畦灌灌水的实际时间，等于各周期放水时间之和，根据同条件下进行的连续灌水时间 T_{cl} 确定，即

$$T_o = (1 - K/100)\,T_{cl} \tag{3-4}$$

式中 K——波涌流灌溉的节水率，通过试验确定。如黏壤土灌区，K 值可由经验公式 $K = a + bL$ 确定。

（二）灌水周期的确定

由前面试验资料分析得知，随着灌水周期数 n 的增大，节水率越大，但当 $n>4$ 时，节水率变化不明显，n 越大，人工劳动强度越大，且当灌水周期数 $n=3$ 时，间歇入渗效果最佳。因此，根据波涌流灌溉灌水实践，周期数 n 一般可取3或4，畦短者取小值，畦长者取大值。

（三）周期灌水时间 T_{on}

若采用定时段—变流程法灌水，可根据周期灌水时间、灌水周期数和总灌水时间的关系得

$$T_{on} = T_o/n = (1 - K/100)T_{cl}/n \tag{3-5}$$

（四）循环率 r

由前面试验资料分析可知，中（黏）壤土的入渗情况表明，当循环率 $r = 1/3$ 时，可获得较大的减渗效果，同时对土壤结构好，入渗能力较大、循环率 r 在 1/2 ~ 1/3 之间时，也能获得较大的减渗效果。因此，波涌流灌溉循环率 r 可取 1/2 ~ 1/3，土壤结构好，入渗能力大的取大值，土壤板结程度严重，入渗能力较小的取小值。

（五）周期停水时间

由循环率定义知

$$r = T_{on}/T_c = T_{on}/(T_{on} + T_{off})$$

因此，可得

$$T_{off} = (1/r - 1)T_{on} \tag{3-6}$$

（六）周期时间

周期时间可由下式计算：

$$T_c = T_{off} + T_{on}$$

（七）完成波涌流灌溉灌水过程总时间 T

$$T = nT_{on} + (n - 1)T_{off} = T_o + (n - 1)T_{off} \tag{3-7}$$

（八）单宽流量 q

前面已分析，对壤土灌区，坡降在 2.0‰ ~ 5.0‰时，单宽流量可根据水源、灌水次数的不同，采用 8 ~ 12 L/(s · m)为宜。

由于大田灌水条件的时空变异和波涌流灌溉的复杂性，给波涌流灌溉技术参数的确定带来了较大的难度，加之波涌流灌水技术的研究在深度和广度方面还不够，有大量的试验研究还需进行，而在这样的前提下，采用本节方法确定各波涌流灌溉参数虽是经验性的，但并不失波涌流灌溉的实际意义，可采纳使用。

需要强调的是，我国现今水资源十分贫乏，节水灌溉势在必行。因此，节水灌溉的发展具有很重要的意义。目前，节水灌溉方法很多，如喷灌、微灌（微喷、滴灌）等，但其一次性投资大，如管道固定式喷灌系统的费用为 1 000 ~ 1 500 元/亩，即使是利用率较高的喷灌机平均每亩也要投资 400 元左右，农民难以承受，而且由于管理水平较低下，管理难度大，有的建成后使用一、二年甚至更短的时间就无法再使用，管理跟不上，大量的节水灌溉设施遭到破坏，造成大量资金的浪费。而波涌流灌溉只是在传统连续灌溉的基础上，把一次性灌水分为几段时间灌完，投资很小，且节水效果很好，非常适合我国国情，易于农民接受，能很快地推广，实现节水型农业，为农业、国民经济生产发展做出贡献。

第二节　轻质土壤波涌流灌溉试验

波涌流灌溉利用周期性的停放水过程使田面形成一层光滑的致密层，这层致密层使

田面的糙率减小，使水流速度加快，同时又降低了田面的入渗能力，使水的入渗量降低。水流速度加快，能够让灌水时间缩短，节省水量、能量与时间。灌水时间缩短，畦田首部的受水时间缩短，入渗量进一步减小，这样深层渗漏就会减小，土壤中的肥料损失量减少，有利于作物生长，增加产量，同时化肥、农药等物质随深层渗漏水进入地下水的量减少，对地下水的污染减少。灌水时间缩短，劳动力工作时间就会缩短，节省了灌溉成本。试验证明，致密层的形成还会起到调节土壤温度的作用，使土壤表层的温度相对稳定，给作物生长提供良好的环境。波涌流灌溉灌水相对均匀，在用微咸水灌溉时能够有效防止局部田地盐分积累量过高，在盐碱地区的灌溉中使用，压盐和增产效果也很明显。现今，波涌流灌溉设备的发展为其大面积的推广应用提供了条件，而且其灌溉改造成本较其他类型的节水灌溉低很多，所以波涌流灌溉技术是一种值得推广的节水灌溉技术。但波涌流灌溉并不是在所有地区都具有良好的节水增产效果，山东引黄灌区内没有进行过波涌流灌溉试验，这种节水灌溉方式在山东引黄灌区内的土壤质地和现有灌溉条件下的可行性未知，因此需要在灌区内进行波涌流灌水试验，研究波涌流灌溉在灌区内的可行性，并结合灌溉对作物生长情况的影响对波涌流灌溉方式的适用性进行分析。

山东各引黄灌区是国内重要的粮食生产基地，随着社会发展，农业生产对水资源的需求不断加大，但近年来随着黄河上中游各省区经济社会的发展其引黄水量不断增加，黄河进入山东的水量不断减少，同时省内城乡生活及工业用水不断增加，引黄灌溉用水短缺形势日趋严重。即使一些引黄灌区内实行“井渠结合”的水资源配置方式，采用井灌与引黄渠灌相结合的方式联合运用地面水和地下水，山东引黄灌区内的灌溉水资源供需形势依然不容乐观。而且引黄灌区内大多采用宽畦连续灌溉甚至大水漫灌，造成水资源浪费的同时，灌区内农业施肥随灌溉渗漏和排水进入地下水，地下水质呈逐年恶化趋势，加剧了水资源的紧张形势。所以，开展田间节水灌溉，从根本上缓解山东引黄灌区水资源短缺问题，是保障经济社会可持续发展的重要战略选择。

波涌流灌溉具有节水、省时、增产等许多优点，但是在山东引黄灌区内尚未发现波涌流灌溉应用试验研究，这种灌水方式在灌区内的可行性和适用性情况未知。所以，本试验选择山东引黄灌区内宽 3 m、长 100 m 的、在冬小麦种植中使用的典型畦田进行周期数为 2、循环率为 1/2 的机井波涌流灌水试验，并从水流推进特性、节水省时计算、灌水分布均匀度及冬小麦产量形成因素、产量、水分利用效率、灌溉水生产效率等方面研究分析波涌流灌溉在山东引黄灌区机井灌中的可行性和适用性，探究波涌流灌溉在灌区内是否具有推广应用价值。

研究结果表明：

（1）水流推进速度和节水省时计算：波涌流灌溉情况下两个灌水周期的水流推进速度都明显快于连续灌溉，特别是第二周期的水流推进速度在两次灌水中分别是连续灌溉的 1.92 和 1.96 倍。较快的流动速度使波涌流灌溉停止放水后水流的冲长距离增加，两次灌水第二周期冲长分别为连续灌溉的 1.50 和 1.57 倍。证明在试验条件下波涌流灌溉在引黄灌区内能够发挥水流推进速度快、节水、省时的优点。本试验波涌流灌溉在冬小麦整个生育期内节水率为 11.86%，节水量为 237 m^3/hm^2，灌溉省时量为 5.58 h/hm^2。

（2）灌水质量：波涌流灌溉减少了渗漏量，提高了灌水分布均匀度，提高了灌水质量。

(3)冬小麦生长发育、产量构成因素、籽粒产量、水分利用效率和灌溉水生产效率:研究发现波涌流灌溉与连续灌溉相比,增加了冬小麦抽穗期叶面积指数、抽穗期和成熟期的干物质积累量和穗数,提高了籽粒产量、群体和产量水平上的冬小麦水分利用效率和灌溉水生产效率。

所以,波涌流灌溉在山东引黄灌区机井灌中具有水流推进速度快、节水、省时、减少渗漏量、提高灌水分布均匀度、增产、提高冬小麦水分利用效率和灌溉水利用效率的优点,波涌流灌溉技术在山东引黄灌区内具有可行性和良好的适用性,具备一定的推广应用价值。

一、试验设计

(一)试验点概况

试验在聊城市位山灌区试验田进行。该地区位于东经115°14″~116°06″、北纬36°16~36°42″,地处山东省西部,为黄河冲积平原,全境地势平缓,西南较高,东北略低,地面坡降1/6 500~1/7 500,海拔高度在22.6~49.0 m。该区属于温带季风气候区,年平均降水量578.4 mm,年平均蒸发量为1 882 mm,全年光照时数在2 463~2 741 h之间,平均气温13.3 ℃,无霜期201 d以上。试验田地下水埋深浅,为微咸水;土地有轻微盐碱现象,土壤质地为粒径小于0.002 mm的、黏粒含量为20.00%~25.00%的粉壤土;土壤孔隙率为48.6%。2013年10月至2014年6月冬小麦生育期间降雨总量为134 mm,具体月份的降水量分布见表3-1。

表3-1　2013年10月至2014年6月冬小麦生育期间降雨量　(单位:mm)

月份	10月	11月	12月	1月	2月	3月	4月	5月	6月	降雨总量
降雨量	8	20	0	0	11	2	45.5	47.5	0	134

(二)试验布置

试验共有连续灌溉和波涌流灌溉两种处理,每种处理设3个重复,不同处理的各重复交替布置,每个重复两侧设置与其相同灌溉方法的宽度为3 m的畦田保护行。

冬小麦品种:济麦22;

冬小麦行距:25 cm;

两种灌水处理试验田规格均为:宽3 m、长100 m;

坡度:0.001;

放水时间:第一次灌水与第二次灌水相同,均为连续灌溉40 min,波涌流灌溉周期放水时间18 min;

波涌流灌溉周期数n:2;

波涌流灌溉循环率r:1/2;

单宽流量:用XYLDG-DN80 105型智能电磁流量计监测流量,2014年3月16日头水两种灌水处理单宽流量均为4.24 L/(s·m),同年5月7日第二次灌水两种灌水处理单宽流量均为3.63 L/(s·m)。

二、测定指标与方法

(一)水流推进曲线

水流推进速度快是波涌流灌溉方式区别于连续灌溉方式的一个重要特征,如果试验中波涌流灌溉的平均水流推进速度比连续灌溉慢,可能就不会具有节水效果,甚至还会造成浪费,加大灌水量,则波涌流灌溉方式在此种灌溉条件下失去优势,即不可行。

灌溉开始后,每间隔 5 min 记录不同处理的水流推进距离,计算水流推进速度,绘制水流推进图表,对波涌流灌溉和传统畦灌的水流推进特性进行对比。

(二)波涌流灌溉节水率

节水率是表示波涌流灌溉节水效果的指标,如果节水率接近 0 或者为负值,则表示波涌流灌溉在灌区内不具有节水效果,甚至造成灌水的浪费,所以节水率是衡量波涌流灌溉在灌区内可行性的重要指标,计算公式如下:

$$K = \frac{m_1 - m_b}{m_1} \times 100\% \tag{3-8}$$

式中　K——波涌流灌溉节水率;

m_1——连续灌溉灌水定额;

m_b——波涌流灌溉灌水定额。

(三)土壤质量含水率

在播种前、收获时和每次灌水前后用土钻取土,采用烘干称重法,分别测定连续灌溉畦和波涌流灌溉畦中 10 m、30 m、50 m、70 m、90 m 处 0 ~ 10 cm、10 ~ 20 cm、20 ~ 30 cm、30 ~ 40 cm、40 ~ 50 cm、50 ~ 60 cm、60 ~ 80 cm、80 ~ 100 cm、100 ~ 120 cm 深度土层的土壤含水量,计算土壤质量含水率。

用感量为 0.01 g 的天平称取土样的湿重 M,在烘箱内 105 ℃温度下将土样烘 6 ~ 8 h,待土样恒重时,称量烘干土样重量,并记作干重 M_s,根据式(3-9)可计算出土样的重量含水率。

$$\theta = \frac{M - M_s}{M_s} \times 100\% \tag{3-9}$$

土壤含水率还有许多其他方式测量,但烘干称重法是精确度最高的一种方法。同时,播种前、收获后、每次灌水前后都要对土壤含水率进行测量,用以计算冬小麦生育期内耗水量、土壤灌水前后含水率变化和贮水量变化等。

注:本试验出现的所有含水率均为质量含水率。

(四)灌水分布均匀度

试验中利用测量土壤含水率的 5 处测点,根据灌水前后含水率变化值分别计算连续灌溉和波涌流灌溉的灌水分布均匀度,计算公式如下:

$$D_U = \left[1 - \frac{\sum_{i=1}^{N} |H_i - H_{均}|}{NH_i}\right] \times 100\% \tag{3-10}$$

式中　D_U——灌水分布均匀度(%);

H_i——第 i 点处灌入土壤水量,mm;

$H_{均}$——畦内灌溉水平均入渗量,mm;

i——沿畦长方向的测点序数;

N——测点数。

(五)叶面积指数

叶片是植物进行蒸腾和光合作用的重要器官,叶面积大小是衡量作物生长发育好坏的重要指标。叶面积指数(Leaf Area Index,LAI)是分析植物群体和群落生长的重要参数和评价指标。它是指单位地表面积上植物叶片面积的总和(李小文等,1995),是叶覆盖的无量纲度量,受植物年龄、株行距、大小和其他因子的影响(王希群等,2005)。

本试验从冬小麦的拔节期到成熟期,取连续 50 cm 长度的有代表性的小麦植株,从基部开始,按照地面以上 0~20 cm、20~40 cm、40~60 cm 及 60 cm 以上量取叶长和最大叶宽,叶面积按以下公式计算(Li et al., 2007):

$$叶面积 = 0.78 \times 叶长 \times 叶宽$$

注:叶长是叶片基部到叶片顶端的距离,叶宽是叶片最宽处宽度。

计算不同灌水处理的叶面积指数,分析波涌流灌溉对冬小麦叶面积指数的影响。

(六)地上部分干物质积累量

干物质生产是作物产量的基础,各种农艺措施对作物产量的影响大多与干物质积累特点及其转化效率有关,干物质积累与合理分配是提高作物产量的关键(Kong et al., 2007)。

本试验对不同处理和不同生育期的冬小麦地上部分的干物质积累量进行测算。在不同处理的每个重复内冬小麦长势比较均匀的位置,选取 50 cm 长的单行小麦,量取株高、穗数、穗长等参数后,置入烘箱中,105 ℃杀青 20 min,然后 80 ℃烘干至恒重。

(七)产量及其构成因素

小麦产量:每块试验畦田随机取样 5 个点,每个点采集 1 m 双行小麦,进行穗数、穗粒数、千粒重、总粒重等参数的测算;计算不同处理的水分利用效率和灌溉水利用效率。

(八)农田蒸散量

农田蒸散量计算公式是土壤水量平衡方程:

$$ET = \Delta S + I + P - R - D \tag{3-11}$$

式中　ET——农田蒸散量;

ΔS——土壤贮存水量变化值,其计算方法为 $\Delta S = \sum(\Delta\theta_i \cdot Z_i)$,其中 $\Delta\theta_i$ 为土壤某一层次的质量含水量变化,Z_i 为第 i 层次的土壤厚度,mm,i 为土壤层次;

I——灌溉水量;

P——降水量;

R——地表径流,此试验可忽略不计;

D——深层渗漏量,试验中此项可忽略不计。

(九)水分利用效率和灌溉水生产效率

1.群体水平上的水分利用效率

有很多种作物群体水平上的水分利用效率的计算方法和表达方式,但都存在优缺点(杨晓光等,1999;邓西平等,2002)。本试验研究中的群体水平上的水分利用效率用冬小麦某一生育期内干物质积累量与同期内冬小麦的总耗水量(总蒸腾量)的比值表示(蔡焕然等,2000)。与叶片水平上的水分利用效率相比,群体水分利用效率更接近实际情况,可用来衡量田间作物的水分利用效率。作物某生育阶段的群体水分利用效率为该生育阶段内单位面积干物质积累量与该生育阶段总耗水量的比值。其公式为

$$WUE = \frac{DW}{ET} \tag{3-12}$$

式中　DW——某一阶段或生育期内干物质积累量;

ET——某一生育期阶段内群体蒸散量或总耗水量。

2. 产量水平上的水分利用效率

产量水平上的水分利用效率,即冬小麦单位耗水量的产量。产量分为净生产量(总生物量)和经济产量(籽粒产量),日常农业生产中对经济效益影响最大的是籽粒产量,故本试验研究采用的是经济产量。由于该产量水平上水分利用效率在计算中把土壤表面的无效蒸发计算在总耗水量内,所以对节水农业的研究更具实际意义,目前对节水技术的研究大多将该水平上的水分利用效率作为指标,它是农田、作物节水研究的重要内容(房全孝等,2004),计算公式为

$$WUE = \frac{Y}{ET} \tag{3-13}$$

式中　Y——冬小麦的经济产量,kg/hm^2,即籽粒产量;

ET——冬小麦整个生育期农田耗水量,mm。

3. 群体水平上的和产量水平上的灌溉水生产效率

本试验中群体水平上的灌溉水生产效率为冬小麦干物质量与灌溉水量的比值,相应的产量水平上的灌溉水生产效率为冬小麦籽粒产量与灌溉水量的比值。这两个参数是用来在试验条件下比较波涌流灌溉方式和连续灌溉方式好坏的指标,可以用以表示波涌流灌溉方式的适用性。

三、结果与分析

(一)波涌流灌溉水流推进特性

从图 3-1 可以看出,连续灌溉和波涌流灌溉水流推进速度均随着水流推进距离的增加而逐渐减小,这是因为水流经过的田面都同时发生着不同程度的入渗,随着水流的推进距离增加,田面入渗的距离增长,入渗的面积增大,入渗的水量也增加,这就相当于减小了流量,所以水流推进速度就相应减小。在单宽流量与连续灌溉相同的情况下,循环率为 1/2,周期数为 2 的波涌流灌溉,在波涌流灌溉第一周期湿润到的距离内,第一周期水流推进速度与连续灌溉的基本相同,这是因为两者的灌水边界条件完全相同。但波涌流灌溉第一周期的灌水改变了畦田前半段的灌水边界条件,使得波涌流灌溉第二周期在第一周期灌过的距离内水流推进速度显著高于波涌流灌溉第一周期和连续灌溉水流推进速度,并且波涌流灌溉第一周期未灌到的距离范围内,波涌流灌溉的水流推进速度也要明显高于连续灌溉水流推进速度,这主要是因为波涌流灌溉第一周期的灌水使畦田第一周期水流经过的部分田面糙率降低,同时降低了这部分田面的入渗能力,相当于增大了流量,有利于

增大水流推进速度。这说明,波涌流灌溉方式在试验条件下的引黄灌区机井灌溉中能够增加水流推进速度,具备水流推进速度快的优点。另外,第二次灌水在单宽流量比第一次灌水小的情况下,水流推进速度却与头水基本一致,这是因为第二次灌水时土壤表层结构较第一次灌水时更加致密,田面糙率更小,有利于水流向前推进。

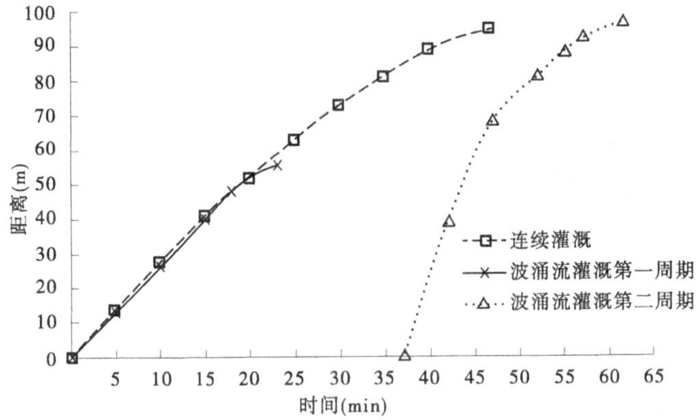

图 3-1　水流推进曲线

从表 3-2 可以看出两次灌水中波涌流灌溉第一周期和第二周期的放水时段内和最大流程内的水流平均推进速度都要大于连续灌溉的水流平均推进速度。在第一次灌水中,放水时段内波涌流灌溉第一周期和第二周期的水流平均推进速度分别为连续灌溉的1.20倍和 2.20 倍,最大流程内波涌流灌溉第一周期和第二周期的水流平均推进速度分别为连续灌溉的 1.20 倍和 1.92 倍;在第二次灌水中,放水时段内波涌流灌溉第一周期和第二周期的水流平均推进速度分别为连续灌溉的 1.25 倍和 2.04 倍,最大流程内波涌流灌溉第一周期和第二周期的水流平均推进速度分别为连续灌溉的 1.24 倍和 1.96 倍。另外,由于波涌流灌溉水流推进速度快,波涌流灌溉第一周期和第二周期停水后水流的冲长距离均要大于连续灌溉,波涌流灌溉在第一次灌水和第二次灌水中,其停水后的水流冲长第一周期分别为连续灌溉的 1.33 和 1.29 倍,第二周期分别为连续灌溉的 1.50 倍和 1.57 倍。

表 3-2　连续灌溉和波涌流灌溉各自灌水长度和平均流速

<table>
<tr><th rowspan="2">灌次</th><th rowspan="2">处理</th><th rowspan="2">循环率
r</th><th rowspan="2">放水时间
(mm)
T_{on}</th><th colspan="3">灌水长度(m)</th><th colspan="2">平均流速(m/min)</th></tr>
<tr><th>停水时
$L_{停}$</th><th>最大流
程内 L_m</th><th>冲长
ΔL</th><th>放水时
段内 $\overline{V}_{in}$</th><th>最大流
程内 $\overline{V}_M$</th></tr>
<tr><td rowspan="3">第一次
灌水</td><td>连续灌溉</td><td></td><td>40</td><td>89</td><td>95</td><td>6</td><td>2.23</td><td>2.02</td></tr>
<tr><td>波涌流灌溉第一周期</td><td>1/2</td><td>18</td><td>48</td><td>56</td><td>8</td><td>2.67</td><td>2.43</td></tr>
<tr><td>波涌流灌溉第二周期</td><td>1/2</td><td>18</td><td>88</td><td>97</td><td>9</td><td>4.89</td><td>3.88</td></tr>
<tr><td rowspan="3">第二次
灌水</td><td>连续灌溉</td><td></td><td>40</td><td>87</td><td>94</td><td>7</td><td>2.18</td><td>2.04</td></tr>
<tr><td>波涌流灌溉第一周期</td><td>1/2</td><td>18</td><td>49</td><td>58</td><td>9</td><td>2.72</td><td>2.52</td></tr>
<tr><td>波涌流灌溉第二周期</td><td>1/2</td><td>18</td><td>85</td><td>96</td><td>11</td><td>4.45</td><td>4.00</td></tr>
</table>

综上所述,试验条件下,相对于传统连续灌溉,波涌流灌溉在山东引黄灌区机井灌中具有水流推进速度快的优点。

(二)波涌流灌溉节水率计算

从宏观灌水量上看,波涌流灌溉利用更少的水量推进与连续灌溉相同甚至更长的距离,说明波涌流灌溉具有节水的效果;从宏观灌水时间上看,波涌流灌溉在水流推进距离与连续灌溉相同甚至更远的情况下,其两个周期放水时间之和小于连续灌溉放水时间,而且波涌流灌溉的周期停水时间内可以对其他波涌流灌溉畦田进行灌水,所以波涌流灌溉比连续灌溉整体上是节省时间的。在 1 hm^2 畦田 1 个机井出水口控制波涌流灌溉节水和省时计算如下:

3 月 16 日头次灌水连续灌溉和波涌流灌溉单宽流量均为 4.24 L/(s · m)。连续灌溉处理在放水 40 min 后停止灌水,水流最终平均推进到 95 m,经计算,第一次灌水连续灌溉灌水定额为 1 071 m^3/hm^2。波涌流灌溉两个周期总放水时间为 36 min,水流最终平均推进到 97 m,则波涌流灌溉灌水定额为 944 m^3/hm^2。第一次灌水中波涌流灌溉节水量为 127 m^3/hm^2,经式(3-8)计算的第一次灌水波涌流灌溉节水率 K 为 11.86%,灌水省时为 2.77 h/hm^2。

5 月 7 日第二次灌水,连续灌溉和波涌流灌溉单宽流量均为 3.63 L/(s · m)。连续灌溉处理开始放水 40 min 后停止灌水,水流最终平均推进到 94 m,则第二次灌水连续灌溉灌水定额为 927 m^3/hm^2。波涌流灌溉放水总时间为 36 min,最终水流平均推进到 96 m,第二次灌水波涌流灌溉灌水定额为 817 m^3/hm^2。第一次灌水中波涌流灌溉节水量为 110 m^3/hm^2,经式(3-8)计算的第一次灌水波涌流灌溉节水率 K 为 11.87%,灌水省时为 2.81 h/hm^2。

在试验中冬小麦整个生育期内,连续灌溉灌水定额为 1 998 m^3/hm^2,波涌流灌溉灌水定额为 1 761 m^3/hm^2,波涌流灌溉的节水量为 237 m^3/hm^2,波涌流灌溉节水率为 11.86%,灌水省时 5.58 h/hm^2。如表 3-3 所示。

表 3-3　波涌流灌溉节水省时

灌次	处理	灌水定额 (m^3/hm^2)	节水量 (m^3/hm^2)	节水率 (%)	省时 (h/hm^2)
第一次灌水	连续灌溉	1 071			
	波涌流灌溉	944	127	11.86	2.77
第二次灌水	连续灌溉	927			
	波涌流灌溉	817	110	11.87	2.81
总计	连续灌溉	1 998			
	波涌流灌溉	1 761	237	11.86	5.58

(三)波涌流灌溉和连续灌溉灌水前后土壤含水率变化

1. 第一次灌水前后波涌流灌溉和连续灌溉处理土壤含水率变化规律

从表 3-4 可以看出,连续灌溉和波涌流灌溉处理第一次灌水前不同深度土层的土壤含水率规律均为:0 ~ 30 cm 深度土层土壤质量含水率相近,连续灌溉处理平均为 21.26%,波涌流灌溉处理平均为 21.65%;30 ~ 60 cm 深度土层土壤质量含水率随土壤深度的增加升高较快,波涌流灌溉和连续灌溉处理均由 22% 左右升高到 27% 左右;60 ~ 120

cm 深度土层含水率继续升高,但升高速度减缓。在 0 ~ 120 cm 深度范围内,除 10 ~ 20 cm 深度处,连续灌溉与波涌流灌溉各深度土壤含水率没有显著(LSD,$P<0.05$)差异。

10 ~ 20 cm 深度土层连续灌溉处理和波涌流灌溉处理含水率有显著(LSD,$P<0.05$)差异,原因可能有:①取样点周围小范围位置的土壤质地与畦田整体土壤质地有差异;②土地不够平整,取样点在高点或者低点;③试验误差。

表 3-4 第一次灌水前波涌流灌溉和连续灌溉土壤含水率 (%)

处理	土层深度(cm)								
	0 ~ 10	10 ~ 20	20 ~ 30	30 ~ 40	40 ~ 50	50 ~ 60	60 ~ 80	80 ~ 100	100 ~ 120
连续灌溉含水率	21.32a	20.51b	21.96a	23.93a	25.55a	27.39a	28.82a	30.26a	30.69a
波涌流灌溉含水率	21.69a	20.93a	22.34a	23.80a	25.39a	27.69a	28.92a	30.38a	30.49a

注:每列中字母相同者表示差异未达显著水平,字母不同者表示差异达 5% 显著水平。

从表 3-5 可以看出,连续灌溉和波涌流灌溉第一次灌水后不同深度土层的土壤含水率规律相同之处为:0 ~ 10 cm 深度土层土壤质量含水率升高幅度最大,各畦田均升高 7% 左右;10 cm 以下土层含水率升高相对均匀,各自相对灌前升高幅度一般在 2% ~ 3%。跟灌前相同的是:30 ~ 60 cm 深度土层土壤质量含水率也是随深度加深升高速度较快,波涌流灌溉和连续灌溉各处理均由 24% 左右升高到 29% 左右;60 ~ 120 cm 深度土层含水率继续升高,但升高幅度随深度增加而减缓。

表 3-5 第一次灌水后波涌流灌溉和连续灌溉土壤含水率 (%)

处理	土层深度(cm)								
	0 ~ 10	10 ~ 20	20 ~ 30	30 ~ 40	40 ~ 50	50 ~ 60	60 ~ 80	80 ~ 100	100 ~ 120
连续灌溉含水率	28.44a	22.93a	24.48a	26.50a	28.61a	28.79a	31.13a	31.43a	31.64a
波涌流灌溉含水率	28.36a	23.79a	23.97a	26.34a	28.41a	29.37a	30.53a	31.05a	30.73b

注:每列中字母相同者表示差异未达显著水平,字母不同者表示差异达 5% 显著水平。

由图 3-2 可以看出,波涌流灌溉与连续灌溉不同的是:从 80 cm 深度往下,波涌流灌溉土壤含水率升高幅度开始低于连续灌溉处理土壤含水率,特别是 100 ~ 120 cm 深度土层波涌流灌溉含水率升高幅度明显小于连续灌溉,导致 100 ~ 120 cm 深度处波涌流灌溉土壤含水率要显著(LSD,$P<0.05$)低于连续灌溉含水率。这主要是因为波涌流灌溉周期性地灌水,使畦田首部田面形成致密层,减少了畦田首部的渗漏量,同时波涌流灌溉水流推进速度快,田面特别是畦田首部田面过水历时短,减少了入渗时间。这说明,试验中第一次灌水波涌流灌溉具有减少渗漏量的优点。

2. 第二次灌水前后波涌流灌溉和连续灌溉处理土壤含水率

从表 3-6 可以看出连续灌溉和波涌流灌溉处理第二次灌水前不同深度土层的土壤含水率规律均为:0 ~ 30 cm 深度土层土壤质量含水率相近,连续灌溉处理平均为 18.74%,波涌流灌溉处理平均为 18.55%;30 ~ 100 cm 深度土层土壤质量含水率随深度增加而升高,波涌流灌溉和连续灌溉各处理均由 21% 左右升高到 30% 左右;100 ~ 120 cm 深度土层土壤含水率有小幅度(<1%)升高。在 0 ~ 120 cm 深度范围内连续灌溉与波涌流灌溉各

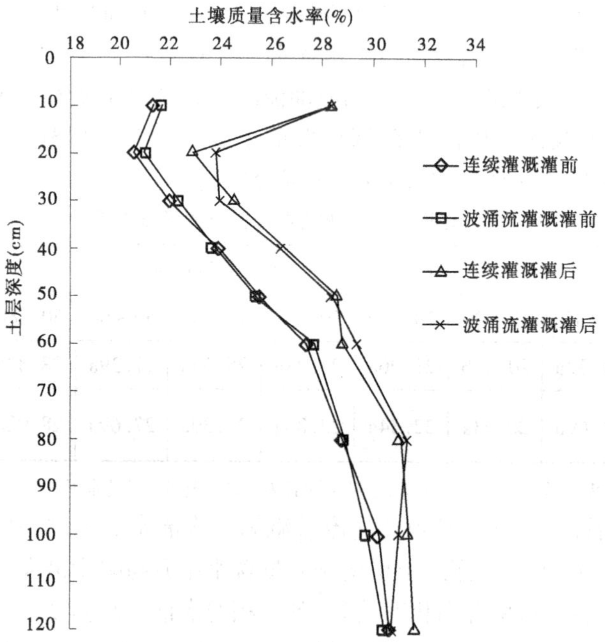

图 3-2　第一次灌水前后连续灌溉和波涌流灌溉土壤含水率

深度土壤含水率没有显著(LSD, $P<0.05$)差异。

表 3-6　第二次灌水前波涌流灌溉和连续灌溉土壤含水率　(%)

处理	土层深度(cm)								
	0～10	10～20	20～30	30～40	40～50	50～60	60～80	80～100	100～120
连续灌溉含水率	18.41a	18.97a	18.84a	21.23a	23.39a	24.63a	27.92a	30.11a	30.77a
波涌流灌溉含水率	18.16a	18.96a	18.52a	20.77a	23.05a	24.76a	28.64a	30.16a	30.59a

注:每列中字母相同者表示差异未达显著水平,字母不同者表示差异达 5% 显著水平。

从表 3-7 可以看出,连续灌溉和波涌流灌溉第二次灌水后不同深度土层的土壤含水率规律相同处为:0～10 cm 深度土层土壤质量含水率升高幅度最大,两处理均升高 8% 左右;10～20 cm 深度土层土壤含水率与灌前比升高幅度在 3.5% 左右;30～60 cm 深处土层土壤含水率升高 5%～6%,从 60 cm 往下,随深度增加土壤含水率升高幅度逐渐减小;100～120 cm 深度处两种处理土壤含水率均基本停止升高,其小幅度(<1%)升高主要是由畦田首部此深度处含水率增长引起。

表 3-7　第二次灌水后波涌流灌溉和连续灌溉土壤含水率　(%)

处理	土层深度(cm)								
	0～10	10～20	20～30	30～40	40～50	50～60	60～80	80～100	100～120
连续灌溉含水率	26.40a	22.58a	24.03a	27.17a	29.17a	29.73a	30.66a	31.39a	31.21a
波涌流灌溉含水率	26.88a	22.33a	24.87a	27.53a	29.69a	30.04a	30.72a	30.55b	30.79a

注:每列中字母相同者表示差异未达显著水平,字母不同者表示差异达 5% 显著水平。

从图 3-3 可以看出,连续灌溉和波涌流灌溉第二次灌水后不同深度土层含水率不同处为:80～100 cm 处波涌流灌溉土壤含水率升高值要明显小于连续灌溉含水率升高值,且此处土壤含水率波涌流灌溉处理要显著(LSD,$P<0.05$)低于连续灌溉处理。造成这种结果的原因与第一次灌水相同,主要是波涌流灌溉第一周期的停放水过程在畦田前半段田面形成致密层,降低糙率和田面入渗能力,增加了水流推进速度,减少了入渗历时。与第一次灌水不同的是,第二次灌水土壤含水率出现显著(LSD,$P<0.05$)差异的深度在 80～100 cm处,这主要是因为两次灌水的边界条件不同,第二次灌水时土壤表层整体密实度要大于第一次灌水时,减少了一部分入渗,而且田面糙率也要小于第一次灌水时,有利于水流的推进,这样第二次灌水整体的入渗量要小于第一次灌水,在 100～120 cm 深度处连续灌溉和波涌流灌溉的土壤含水率升高值均很小。

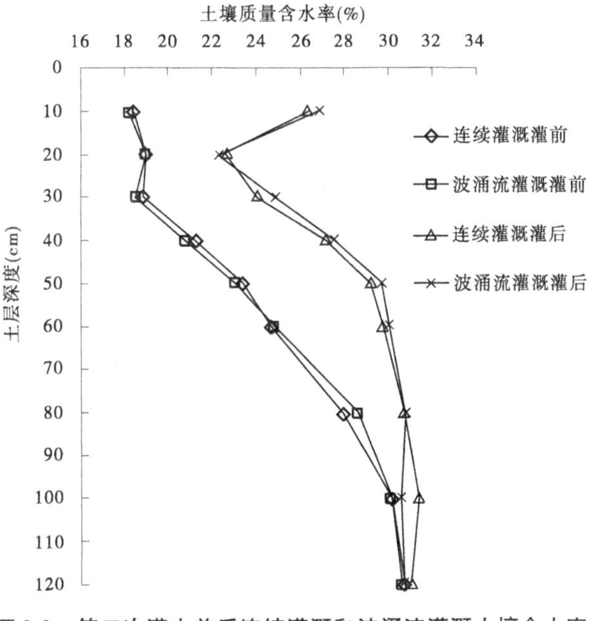

图 3-3　第二次灌水前后连续灌溉和波涌流灌溉土壤含水率

综上所述,试验中波涌流灌溉在山东引黄灌区机井灌中具有减少渗漏、节省灌水、提高灌水质量的作用。

(四)灌水分布均匀度

灌水分布均匀度是指灌溉中畦田沿畦长方向一定深度土壤湿润的均匀度,它能够反映灌入畦田的水分沿畦长方向分布的均匀程度。灌水分布均匀度越大表示水分分布越均匀,灌水效果越好,灌水畦田首部渗漏越少;相反,灌水分布均匀度越小表示水分分布越不均匀,灌水效果越差,灌水畦田首部渗漏越多。

图 3-4 为经式(3-11)计算后两次灌水连续灌溉处理和波涌流灌溉处理的灌水均匀度情况。第一次灌水连续灌溉和波涌流灌溉处理灌水分布均匀度分别为 69.65% 和 80.32%,第二次灌水连续灌溉和波涌流灌溉处理灌水分布均匀度分别为 71.31% 和 83.69%,第一次灌水和第二次灌水中波涌流灌溉的灌水分布均匀度分别比连续灌溉高出 10.67% 和 12.38%,证明试验条件下波涌流灌溉比连续灌溉灌水更加均匀,灌水效果更

好。

其主要原因在于波涌流灌溉第一周期的放水和停水过程在第一周期湿润过的田面形成了降低田面入渗能力的致密层，降低了这段田面的水分入渗量，同时波涌流灌溉水流推进速度快，灌水省时，畦田首部过水历时减少，也减少了入渗量，使更多的水量推进到畦田更远距离处，使畦田灌水分布更加均匀。

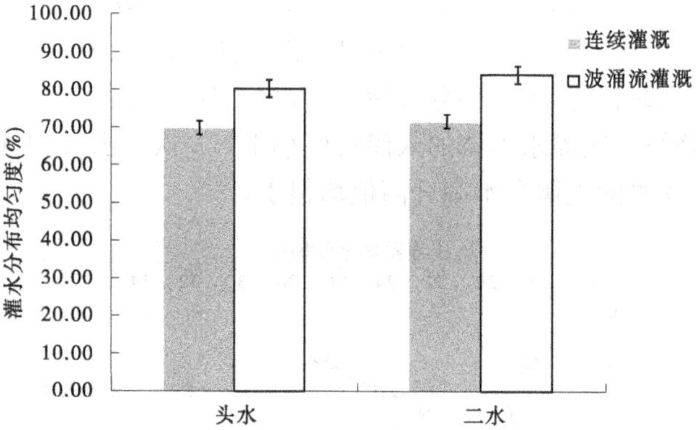

图 3-4 灌水分布均匀度

（五）波涌流灌溉对冬小麦产量形成机制的影响

1. 不同灌水处理对冬小麦叶面积指数的影响

叶面积指数定量地描述了群体水平上叶密度与叶子生长间的变化关系（吴伟斌等，2007），成为在植物蒸腾作用、水分利用和光合作用构成生产力基础等方面进行群体生长研究时必不可少的重要参数（李卫国等，2007）。叶面积指数并不是越大越好，在一定范围内，作物的产量随叶面积指数增大而提高。但当叶面积指数过大，就会使田间郁闭，作物中下层茎叶光照不足，光合速率就会减弱，反而会影响产量（吴忠东，2010）。

对 5 月 7 日冬小麦抽穗期的叶面积指数进行测算，测得连续灌溉处理叶面积指数为 6.75，波涌流灌溉处理叶面积指数为 7.59，波涌流灌溉比连续灌溉抽穗期叶面积指数高出 12.44%，证明试验条件下波涌流灌溉与连续灌溉相比提高了冬小麦叶面积指数，这为冬小麦干物质生产量的增加创造了条件。

分析其原因可能为波涌流灌溉减少渗漏，降低了土壤肥料的淋洗损失，同时波涌流灌溉形成致密层具有调节土壤温度的效果，使土壤表层温度相对较高，有利于冬小麦的生长发育。

2. 不同灌水处理对冬小麦干物质积累量的影响

图 3-5 是冬小麦各处理不同生育期地上部分干物质积累总量。冬小麦干物质积累量数据分别在 2013 年 12 月 21 日（越冬期）、2014 年 3 月 19 日（返青期）、2014 年 5 月 7 日（抽穗期）和 2014 年 6 月 6 日（成熟期）测定。

从图中可以看出，在越冬期和返青期，进行波涌流灌溉和连续灌溉的畦田冬小麦地上部分干物质量没有显著（LSD，$P<0.05$）差异。但在抽穗期和成熟期，波涌流灌溉处理的冬小麦地上部分干物质积累量要高于连续灌溉，二者差异达到显著（LSD，$P<0.05$）水平。在抽穗期和成熟期，波涌流灌溉平均干物质积累量要比连续灌溉分别高出 7.65% 和

10.15%。从此看出,波涌流灌溉增加了冬小麦生育后期的干物质积累量,这为干物质向籽粒转移,籽粒产量增加创造了前提条件。

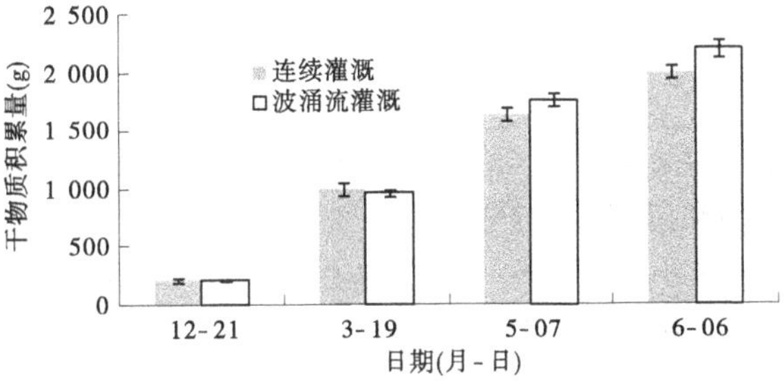

图 3-5 冬小麦不同生育期地上部分干物质积累量

3. 不同灌水处理对冬小麦产量及产量构成因素的影响

穗数、穗粒数、千粒重等冬小麦的各产量构成因素均会影响产量,不同的灌水处理会对一个或者几个产量构成因素造成影响,从而使产量发生变化。试验中不同处理的冬小麦产量及其构成因素如表 3-8 所示。统计分析试验结果表明,波涌流灌溉处理和连续灌溉处理冬小麦的穗粒数和千粒重没有显著(LSD, $P<0.05$)差异,但是波涌流灌溉处理的冬小麦的穗数和产量都显著(LSD, $P<0.05$)高于连续灌溉的,分别高出 10.22% 和 8.75%。这个结果说明波涌流灌溉与连续灌溉相比,主要通过使冬小麦穗数增多来增加冬小麦产量。这可能是因为波涌流灌溉渗漏少从而肥料损失少,致密层保温促进冬小麦生长发育,而且灌水分布均匀度高,使冬小麦在畦田内长势更加均匀,但是具体哪些原因起作用及如何起作用本试验中没有进一步具体研究,这也是试验中的不足之处。

综上所述,波涌流灌溉在试验条件下的山东引黄灌区井灌模式下具有增加产量的优点,在山东引黄灌区井灌中具有一定推广应用价值。

表 3-8 冬小麦产量及产量构成因素

处理	穗数(穗/m^2)	穗粒数(粒/穗)	千粒重(g)	产量(g/m^2)
连续灌溉	667.33b	32.34a	47.64a	854.59b
波涌流灌溉	735.53a	32.03a	47.25a	929.34a

注:每列中字母相同者表示差异未达显著水平,字母不同者表示差异达 5% 显著水平。

(六)农田蒸散量

表 3-9 内容是连续灌溉处理和波涌流灌溉处理在冬小麦整个生育期内的农田蒸散量情况。冬小麦农田蒸散量是指冬小麦整个生育期内通过棵间蒸发和植株蒸腾从土壤中损失的水分,即蒸散损失量(王靖等,2003)。它是冬小麦种植前和收获后土壤贮水量的变化量、冬小麦整个生育期内的降水量和灌溉水量的总和。

从表 3-9 可以看出,波涌流灌溉和连续灌溉的冬小麦种植前和收获后的土壤贮水量变化值波涌流灌溉处理略大于连续灌溉处理,但没有达到显著(LSD, $P<0.05$)差异,灌水量连续灌溉比波涌流灌溉多 13.46%,降水量相同,总的蒸散量波涌流灌溉比连续灌溉略少,但两种灌水处理也没有显著差异(LSD, $P<0.05$)。而冬小麦籽粒产量波涌流灌溉显著(LSD, $P<0.05$)高于连续灌溉,这将导致波涌流灌溉冬小麦水分利用效率的提高。

表 3-9 不同处理在冬小麦整个生育期内蒸散量 （单位：mm）

处理	土壤贮水量变化值	灌水量	降水量	总蒸散量
连续灌溉	54.80a	199.80	134.00	387.60a
波涌流灌溉	56.87a	176.09	134.00	369.79a

注：每列中字母相同者表示差异未达显著水平，字母不同者表示差异达5%显著水平。

（七）水分利用效率和灌溉水生产效率

1. 不同灌水处理的冬小麦群体水平上的水分利用效率和灌溉水生产效率

群体水平上的水分利用效率有很多不同的表示方式，例如它可以是作物在各个生育期内的水分利用效率，也可以是作物整个生育期内的水分利用效率。另外，它还可以和作物收获指数相结合来反映作物产量水平上的水分利用效率，因此它可以作为作物水分利用情况研究的重要指标。

群体水平上的灌溉水生产效率是指作物的群体生产量（干物质积累总量）与灌溉水总量的比值，它可以反映在某种条件下的灌溉制度的好坏，本研究将其作为分析波涌流灌溉在山东引黄灌区机井灌溉中适用性的一个指标。

本研究内容为冬小麦整个生育期内的群体水分利用效率和群体灌溉水生产效率。从表 3-10 中可以看出，波涌流灌溉处理的干物质量、群体水分利用效率和灌溉水生产效率都显著（LSD，$P<0.05$）高于连续灌溉，分别高出 10.15%、15.46%和 24.98%。这说明在试验条件下，在山东引黄灌区井灌中使用波涌流灌溉可以提高冬小麦群体水分利用效率和群体灌溉水生产效率，进而影响冬小麦籽粒产量水平上的水分利用效率和灌溉水生产效率。

表 3-10 冬小麦整个生育期内的群体水分利用效率和群体灌溉水生产效率

处理	干物质量（g/m^2）	总蒸散量（mm）	灌水量（mm）	水分利用效率（$kg/(hm^2 \cdot mm)$）	灌溉水生产效率（$kg/(hm^2 \cdot mm)$）
连续灌溉	1 985.76b	387.60a	199.80	51.23b	99.39b
波涌流灌溉	2 187.37a	369.79a	176.09	59.15a	124.22a

注：每列中字母相同者表示差异未达显著水平，字母不同者表示差异达5%显著水平。

2. 不同灌水处理的冬小麦产量水平上的水分利用效率和灌溉水生产效率

作物水分利用效率 *WUE* 是作物与水分内在关系的一个综合指标，是冬小麦节水灌溉基础研究的中心问题，并且是节水农业研究的最终目标，怎样在缺水条件下取得高水平的 *WUE* 是我国农业得以持续稳定发展的关键所在。如何在节水的同时，使产量得到提高是一个亟待解决的问题。*WUE* 计算公式为：$WUE=Y/ET$。式中，Y 是作物经济产量，即冬小麦籽粒产量；ET 指整个生育期农田耗水量。

从表 3-11 可以看出波涌流灌溉的产量、产量水平上的水分利用效率和灌溉水生产效率都显著（LSD，$P<0.05$）高于连续灌溉，分别高出 8.75%、13.97%和 23.40%。这表明，试验条件下，波涌流灌溉在山东引黄灌区机井灌溉中起到了节水增产的作用，推广波涌流灌溉能够不以牺牲作物产量为代价，减轻灌溉用水压力，从根本上缓解山东引黄灌区水资源短缺问题，保障经济社会可持续发展战略的实施。

表 3-11 冬小麦整个生育期内的产量水平上的水分利用效率和灌溉水生产效率

处理	产量 (g/m²)	总蒸散量 (mm)	灌水量 (mm)	水分利用效率 (kg/(hm²·mm))	灌溉水生产效率 (g/(m²·mm))
连续灌溉	854.59b	387.60a	199.80	22.05b	42.77b
波涌流灌溉	929.34a	369.79a	176.09	25.13a	52.78a

注:每列中字母相同者表示差异未达显著水平,字母不同者表示差异达5%显著水平。

四、结论

(一)波涌流灌溉水流推进特性

山东引黄灌区机井波涌流灌溉比连续灌溉水流推进速度快。试验条件下,波涌流灌溉每个周期的平均水流推进速度都要比连续灌溉大,且波涌流灌溉第二周期的平均水流推进速度要大于第一周期,第二周期的水流推进速度是连续灌的2倍左右。

波涌流灌溉各周期停水后的冲长均要大于连续灌溉,且第二周期冲长要大于第一周期,在试验中波涌流灌溉第二周期水流的冲长距离在两次灌水中分别是连续灌溉冲长的1.50倍和1.57倍。

(二)波涌流灌溉节水、省时计算

波涌流灌溉在山东引黄灌区机井灌溉中具有节水、省时的作用。试验条件下,山东引黄灌区冬小麦波涌流灌溉节水率为11.86%。冬小麦整个生育期内波涌流灌溉节水量为237 m^3/hm^2,灌溉节省时间为5.58 h/hm^2。

(三)波涌流灌溉对灌水质量的影响

波涌流灌溉在山东引黄灌区机井灌溉中具有减少渗漏量的优点,且其灌水分布均匀度比连续灌溉提高10%~13%,提高了灌水质量。

(四)波涌流灌溉对冬小麦产量、水分利用效率和灌溉水生产效率的影响

波涌流灌溉在山东引黄灌区机井灌溉中具有促进作物生长发育、增加产量、提高水分利用效率和灌溉水生产效率的作用。试验条件下,波涌流灌溉相对连续灌溉显著(LSD,$P<0.05$)提高了冬小麦抽穗期叶面积指数、抽穗期和成熟期干物质积累量和穗数;波涌流灌溉提高了冬小麦群体水平上的水分利用效率和灌溉水生产效率,试验中分别比连续灌溉高出15.46%和24.98%;而穗数的显著增加直接使得冬小麦籽粒产量也显著(LSD, $P<0.05$)增加,试验中增加量为8.75%。试验中波涌流灌溉处理的冬小麦在产量水平上的水分利用效率和灌溉水生产效率显著(LSD, $P<0.05$)增加,分别比连续灌溉处理增加13.97%和23.40%。

综上所述,波涌流灌溉在山东引黄灌区内冬小麦机井灌溉中具有水流推进速度快、节水、省时、减少渗漏、提高灌水分布均匀度、提高灌水质量的优点,同时能够显著(LSD, $P<0.05$)提高冬小麦的产量、水分利用效率和灌溉水生产效率,波涌流灌溉在山东引黄灌区具有一定的可行性和良好的适用性,具备一定的推广应用价值。

第三节 渠灌区提升闸门式水力自动波涌流灌溉技术

一、渠灌区提升闸门式水力自动波涌流灌溉装置工作原理

(一)渠灌区提升闸门式水力自动波涌流灌溉装置的基本构成

为了使波涌流节水灌溉技术水力自动装置能较快地在广大灌区推广应用,它必须要具有很大的优势,既要具有性能稳定、工作可靠、价格低廉、耐久性好、使用寿命长等特点,同时各工作参数还可随具体情况不同而任意调节,能满足不同灌溉需要。因此,在装置结构设计中,力求结构简单、操作方便、易于掌握;材料选择上力求可重复利用,使用年限长,移动过程中不易被损坏。同时,在波涌流灌溉参数调节时,其调节机构简易方便。如图3-6所示,本装置所选用材料为:支撑架全部采用角铁,其强度、刚度足够高,不必计算、校核,可完全按构造而定。为降低造价,控制池和稳压池均采用砖石圬工结构。为使池壁光滑、美观,可进行混凝土抹面,既延长了使用寿命,也提高了波涌流灌溉参数的稳定性。浮体为镀锌白铁皮做成。为保证中心受力,浮体底部可做成倒圆锥形或浮体做成方形而在其内部做上一个倒圆锥形的内胆,并将其放置于正方形浮体的正中央。重锤采用圆球,与浮体相结合,在圆球与浮体接触时,确保浮体中心受力,不使浮体和重锤组合体发生倒斜,以减少浮体上下移动时浮体连杆与横梁套筒之间摩擦力的大小及其不稳定性,保证各参数的恒定。闸门采用混凝土闸板,可适当配置粗铁丝、铁片,以增加其强度和刚度。闸门的关闭依靠自身重力,其开启依靠重锤提升,它们之间用滑轮连接,闸门与渠道相连。左右两块挡销固定于滑块上,它们之间采用螺栓连接,可通过螺丝的转动,实现两个挡销之间距离的无级调节,从而可对闸门开启高度进行无级调节,控制灌溉流量大小。控制池的进水从稳压池中引取,其进水流量大小由稳压池出水管上闸阀控制,进而调节进入控制池的水量大小,控制、调节进水时间;另外,在控制池内设有虹吸管,当控制池内水位上升到一定高度时,虹吸管便自动形成虹吸。设计时,使虹吸管的虹吸出水流量大于控制池进水流量,虹吸形成后,控制池内水位开始下降,虹吸管上设有真空破坏装置,当控制池内水位下降到一定高度时,真空破坏装置吸入空气,破坏虹吸管内的真空,使虹吸结束。控制池进水管一直向池内供水,此时控制池水位又开始回升。在虹吸管出水末端也设有闸阀可以调节虹吸管出水流量,从而调节控制池出流时间。所以,利用控制池的进水管和虹吸出水管上设置的闸阀,可实现进水量和出水量的无级调节,以达到控制池一个进水和出水的周期时间,即实现波涌流灌溉的周期时间的调节。杠杆与销钉之间亦采用螺丝连接,可无级调节其连接长度,控制闸门的开启时间和关闭时间,从而控制灌溉的周期灌水时间和周期停水时间,实现循环率的调节。

(二)工作原理

闸门式波涌流节水灌溉水力自动装置完全不需要其他外动力,而依靠渠道内的灌溉用水作为动力,来控制自动装置的工作,实现了灌溉节能。其工作原理是:打开虹吸管1上的闸阀2,打开引水管35上的闸阀34,向控制池38内供水,此时闸门21由于左销钉27的阻挡作用,不能向下移动,所以出水池一直向外出水,即一直向畦田内供水,且因为闸门

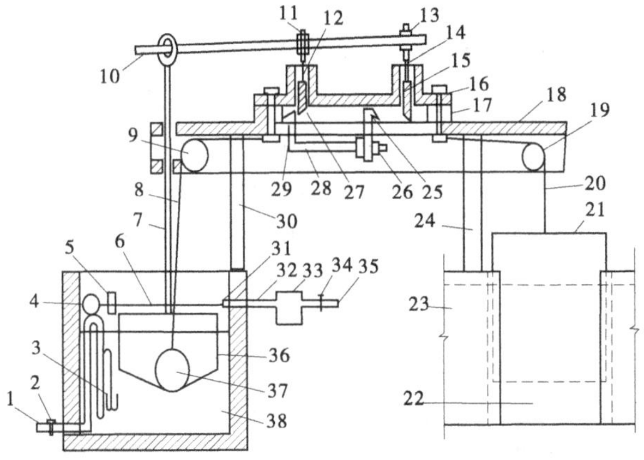

1—虹吸管；2—闸阀；3—虹吸破坏装置；4—浮球；5—固定球；6—浮球阀连杆；7—连杆；8—拉绳；9—滑轮；10—杠杆；11—螺栓；12—拉绳；13—螺栓；14—拉绳；15—右销钉；16—螺栓；17—垫块；18—横梁；19—滑轮；20—拉绳；21—闸门；22—出水口；23—渠道；24—支架；25—右挡销；26—螺栓；27—左销钉；28—滑块；29—左挡销；30—支架；31—浮球阀；32—引水管；33—稳压池；34—闸阀；35—引水管；36—浮体；37—球形重锤；38—控制池

注：左挡销 29 与右挡销 25，左右对称，以右挡销 25 为基准。

图 3-6　渠灌区提升闸门式水力自动波涌流灌溉装置

21 不能移动，即开启度不变，所以其出水量不变，随着控制池内水位的上升，浮体 36 受到水的浮力作用随之上升，球形重锤 37 被浮起，上升到一定高度时，杠杆 10 在连杆 7 的推动下向上抬起，左销钉 27 被抬起，滑块 28 在闸门 21 的重力作用下，克服闸门与出水池之间以及拉绳 20 与滑轮 19、横梁 18 之间的摩擦力向右滑动，滑块 28 右端的挡销 25 将右销钉 15 向上推开，并移到它的右侧，右销钉 15 在重力作用下下落，此时闸门关闭，停止向畦田内供水，当控制池内水位上升到一定高度时，虹吸管 1 开始虹吸，控制池 38 内的水被排出，由于虹吸管的出流量大于引水管 32 的进流量，所以此时水池内水位逐渐下降，浮体 36 随水位下降而一起下降，球形重锤 37 靠右销钉 15 的阻挡而不能向下移动，此时，球形重锤 37 与浮体 36 脱离，当浮体下降到一定位置时，由于连杆的拉动作用，杠杆 10 被向下拉动，右销钉 15 被提起，在重力作用下，球形重锤 37 向下运动，落入浮体 36 内，闸门 21 在球形重锤 37 的作用下同时被提起，滑块 28 向左移动，它左端的挡销 29 将左销钉 27 向上推开，并移到左销钉 27 的左侧，左销钉 27 在重力作用下下落，此时出水池由出水口向外出水，即向畦田内供水，控制池 38 内的水位下降到一定位置时，真空破坏装置吸入气体，虹吸管真空破坏，停止出水，完成一个灌水与停水周期，重复此过程，直到灌溉完成。灌溉水量、周期灌水时间、周期停水时间、周期时间及循环率均可无级调节。

二、自动灌溉装置结构设计

（一）设备主体结构设计

1. 出水流量及闸门尺寸确定

闸门出水流量大小的计算，可根据灌溉畦田要求的流量而确定。所以，波涌流灌溉单宽流量确定后,即可求得闸门的出水流量。闸门出水流量等于灌溉要求的单宽流量乘以畦宽。一般可根据最大单宽流量和最大畦宽推求出闸门的最大出水流量。再由闸门的设计宽度,计算闸门的最大开启度。为适应地形和控制池对水位变化的需要,闸门出水口应尽量采用宽浅形式的(其目的是在较小的提升高度情况下,即可得到较大的出水流量)。另外,采用宽浅形式的闸门,还可减小闸门上的侧向水压力,从而减小了闸门与闸墩之间的摩擦力,进而减小了开启闸门所需要的力量,即减小了重锤的重量,易于搬动,降低设备造价。

2. 重锤的重量计算

重锤重量的确定是以能够拉起闸门板为目的的,但其重量又不宜太大,否则将会增加浮体(以期能在浮体浮力作用下,将重锤由下向上浮起)的容积,同时还将增加控制池的容积,即使设备投资增加,因此在移动过程中,重量加大,不便搬运。另外,重锤重量过大,在重锤提升闸门时,可能产生过大的冲击力,破坏装置的稳定及性能,影响使用质量。所以,只要能拉起闸门板即可。闸门板在被拉起以前,有 h 高度范围内的闸门板被淹没在水下。因此它既受到重力,同时又受到水的侧向压力作用。

1) 闸门板上作用的水压力

闸门板上作用的侧向水压力大小是由水压力分布强度决定的,水压力强度的分布形式如图 3-7 所示。其强度为三角形分布,因此作用在闸门板上的侧向水压力大小用下列公式计算:

$$P_{水} = \frac{1}{2}\gamma h^2 \tag{3-14}$$

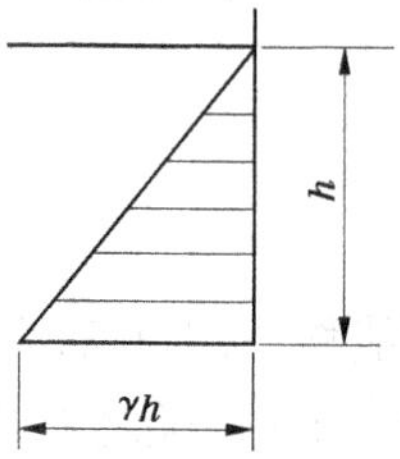

图 3-7　水压力强度分布图

式中　$P_{水}$——作用在闸门板上的侧向水压力;

γ——水的容重;

h——闸门板上作用的水深。

所以,作用于闸门板上的总水压力为

$$P_{总} = BP_{水} \tag{3-15}$$

式中　$P_{总}$——作用于闸门板上的总水压力;

B——闸门宽度;

$P_{水}$——作用在闸门板上的侧向水压力。

2) 闸门与闸墩之间的摩擦力计算

闸门与闸墩之间的摩擦力大小是由作用在闸门上的侧向作用力决定的,此力即为作用在闸门上的水压力。此摩擦力可按下列公式计算:

$$F = fP_{总} \tag{3-16}$$

式中　F——闸门与闸墩之间的摩擦力;

$P_{总}$——作用于闸门板上的总水压力;

f——闸门与闸墩之间的摩擦系数。

3) 闸门重量计算

本设计中为了减小结构的复杂程度,闸门的关闭采用闸门本身的重力作用控制,即在重力的作用下，将闸门关闭。所以，闸门的重量要有一定的限制，也就是说，闸门的重量要大于闸门与闸墩之间的摩擦力和水对闸门的浮力之和，但在一般情况下，闸门所受水的浮力甚小，可忽略不计，所以闸门的重量可用下式计算：

$$G = KF \tag{3-17}$$

式中　G——闸门的重量；

K——安全系数，为了保证闸门能够充分关闭，可采用一个较为适宜的系数值，但不宜太大；

F——闸门与闸墩之间的摩擦力。

4）重锤重量计算

为了保证能顺利地将闸门提起，重锤必须具有足够的重量。同时，考虑滑轮内及与拉绳之间产生的摩擦力，其重量可适当增加。重锤在提拉闸门时，可产生的阻力有：闸门的重力、闸门与闸墩之间的摩擦力，以及滑轮内部产生的摩擦力。

（1）滑轮内产生的摩擦力：

$$F' = f'(F + G_{闸}) \tag{3-18}$$

式中　F'——滑轮内产生的摩擦力；

f'——滑轮内摩擦系数；

F——闸门与闸墩之间的摩擦力；

$G_{闸}$——闸门的重量。

（2）重锤重量计算：

重锤重量应该等于提升闸门所需重力和克服滑轮内产生的摩擦力之和，为了能将闸门顺利地开启，可适当增大重锤的重量，但不宜过大，否则会使闸门开启速度过快，产生撞击等不利因素，影响设备使用的稳定性和寿命。所以，重锤的重量按下列公式计算：

$$G_{锤} \geq G_{闸} + F + F' = G_{闸} + F + f'(G_{闸} + F) = (1 + f')(G_{闸} + F) \tag{3-19}$$

式中　$G_{锤}$——重锤重量；

$G_{闸}$——闸门的重量；

F'——滑轮内产生的摩擦力；

F——闸门与闸墩之间的摩擦力；

f'——滑轮内摩擦系数。

3. 支撑结构设计

支撑结构采用角铁构成。角铁本身具有很高的强度，所以支撑结构一般不必计算其强度和刚度，只按尺寸要求制作即可。角铁支撑结构体积少，易于搬运，不易损坏，结实耐用，使用寿命长，可以在波涌流灌溉过程中移动使用。为调节波涌流灌溉的性能参数，如灌溉流量（单宽流量）、灌水周期时间、周期灌水时间、周期停水时间、循环率等，需在支撑结构上配置具有调节能力的机构。本装置中，采用简单合理的设计方法，对各参数均可实现无级调节。

对波涌流灌溉流量（单宽流量）的调节控制，是利用支架上的两个挡销之间距离的变化来完成的，左右两块挡销之间采用螺丝连接，可通过螺丝的转动，实现两个挡销之间距离的无级调节，从而可对闸门开启高度进行无级调节，控制灌溉流量大小。灌水的周期时间是利用控制池水位的上升及下降周期时间来控制的，控制池中水位的上升及下降周期时间与闸门的开启与关闭周期时间是一致的，即控制池中水位的一个上升和下降周期时间等于闸门的一个开启和关闭周期时间，而闸门的开启和关闭周期时间就是一个放水和停水的周期时间，亦即波涌流灌溉的周期时间。所以，通过调节控制池中水位的上升和下降的周期时间就可以调节波涌流灌溉的周期时间。

控制池的进水从稳压池中引取，其进水流量大小由稳压池出水管上闸阀控制，可调节其出水流量大小，进而调节控制池进水时间；此外，与之配套的是在控制池内设有虹吸管，虹吸管的作用是将控制池中的水吸走，使水位下降。当控制池内水位上升到一定高度时，虹吸管形成虹吸。装置设计时使虹吸流量大于进水流量，所以形成虹吸后，控制池内水位开始下降，虹吸管上设有真空破坏装置，当控制池内水位下降到一定高度时，真空破坏装置吸入空气，破坏虹吸管内的真空，使虹吸结束。由于稳压池出水管一直向控制池内供水，因此控制池水位又开始回升。在虹吸管出水末端也设有闸阀来调节虹吸管出水流量，以调节控制池出流时间，此过程重复进行，水位重复升降。所以，利用控制池的进水管和出水管上设置的闸阀，可实现进水量和出水量的无级调节，以达到调节控制池一个进水和出水的周期时间的目的，即实现灌溉的周期时间的调节。在周期时间确定后，还可以调节周期灌水时间和周期停水时间。其方法是调节杠杆与销钉之间连接拉绳的长度。如前所述，杠杆与销钉之间拉绳上端的一部分采用螺丝连接，可实现其连接长度的无级调节，即长度在一定范围内可任意改变，从而使浮体在不同位置时，销钉开启，控制闸门的相对开启时间和关闭时间，达到控制和调节灌溉的周期灌水时间和周期停水时间的目的。所以，此装置虽然结构并不复杂，但却具有很好的功能，完全可以满足波涌流灌溉技术指标的要求，而且各性能参数均可任意调节，调节装置和方法都较为简便，价格低廉、结实耐用、结构性能稳定，具有很多独特的优点，可直接应用于波涌流灌溉的生产实践中。

(二)控制池设计

1. 浮体设计

浮体设计是根据所需浮起的重力确定的。所需升力的控制因素主要有：重锤的重量、浮体连杆与支撑架之间的摩擦力及浮体本身的重量。所需浮体的体积不小于以上三种力量所能排开水的体积。因此，浮体体积大小可采用下列公式计算：

$$V \geqslant W_{浮} / \gamma_{\omega} \tag{3-20}$$

式中　V——浮体所需体积；

$W_{浮}$——浮体所浮托的力，等于重锤的重量、浮体连杆与支撑架之间的摩擦力及浮体本身的重量之和；

γ_{ω}——水的容重。

浮体总体积确定后，其形状的确定应考虑造价和受力问题。首先，在浮体和重锤重量确定后，其排开水的体积即可确定，在控制池要求的水位升降高度一定时，浮体横断面越大需要的水量越多；反之，浮体横断面越小，需要的水量越少。因此，为了尽量减少控制池水位上升和下降所需水量，浮体最好采用横断面积小而高度较大的浮体形式，既减少了控制池所需水量，又可有利于浮体的稳定和中心受力。其次，为了保证浮体和重锤的组合体中心受力，重锤采用球体，而浮体底部做成倒圆锥形，或在方形浮体内做上倒圆锥形式的内胆，如图 3-6 所示。确保浮体与重锤接触后中心受力，使浮体不发生倾斜，减小浮体连杆与支撑架之间的摩擦力，减小浮体的体积，降低设备造价。

2. 浮体最小升降高度计算

浮体最小升降高度计算是根据闸门的开启高度和留有调节闸门开启与关闭时间的浮体行程来确定的，同时也是为了调节周期灌水时间和周期停水时间（即循环率）等技术参数值大小，其升降高度一般可取为闸门最大开启高度的 2 倍以上，在波涌流灌溉性能参数比较稳定的地方，此值可取小一点，确保自动装置的正常工作。一般可取：

$$H_{升小} \geqslant 2H_{闸启} \tag{3-21}$$

式中 $H_{升小}$——浮体的最小升降高度；

$H_{闸启}$——符合闸门出水量要求的闸门最大开启度。

3. 控制池最高水位确定

1) 稳压池水位确定

稳压池与水渠之间相连通，为减小或避免直接从渠道引水（渠道水位变化较大）影响进入控制池流量的稳定，而引起各波涌流灌溉参数值的不稳定变化，所以在控制池之前做一稳压池，然后从稳压池引水供给控制池，这样，由于稳压池的稳压作用，引出的流量不会改变，可很好地调节进入控制池水流量大小，使其不受渠道水位变化的影响，从而有效地控制各波涌流灌溉参数。稳压池的尺寸可由其结构设计而定，因输入稳压池的流量本身不大，所以要求稳压池的体积并不大，一般其长度可取为一砖的长度，其高度取为一砖宽即可。工作时，使渠道引入稳压池的流量稍大于由稳压池流入控制池的流量，多余的水由稳压池顶溢出，以保证稳压池水位的稳定，从而保证其出水量的稳定。稳压池水位可由渠道内最低水位推求：它等于渠道最低水位减去渠道和稳压池之间连通管内的水头损失，即

$$\nabla_{稳压} = \nabla_{渠低水} - h_{损} \tag{3-22}$$

式中 $\nabla_{稳压}$——稳压池水位；

$\nabla_{渠低水}$——渠道最低水位；

$h_{损}$——渠道向稳压池输水的管道水头损失。

因连通管长度很小，并且管内流速也很小，同时为了减小管内水头损失，还可采用管径大一点的水管。所以，管内水头损失很小，可忽略不计，一般情况下，可取渠道最低工作水位为稳压池的设计水位。但为了保证能在任何情况下均能引入足够的水量，可取一稍低于渠道最低水位的水位，作为稳压池的设计水位。

2) 控制池设计高水位（形成虹吸的水位）

控制池进水由稳压池供给，稳压池水位确定后，即可计算控制池可能的最高水位。控制池水位等于稳压池水位减去由稳压池向控制池供水的引水管管内的水头损失，一般情况下，此水头损失很小，几乎为零。但为了确保能有充足的供水量，可取一低于稳压池水位的数值，此值可由实际地形确定，但应尽量取小值，保证控制池设计水位尽量高，以利于虹吸出水再回收利用，所以此值可取为 1 ~2 cm，即

$$\nabla_{池水高} = \nabla_{稳压} - (1 \sim 2) \tag{3-23}$$

则池顶高程等于控制池最高水位加上安全超高，即

$$\nabla_{顶} = \nabla_{池水高} + a \tag{3-24}$$

式中　$\nabla_{顶}$——控制池池顶高程；

$\nabla_{池水高}$——控制池设计高水位；

a——安全超高，可取 3 ~5 cm。

4. 控制池设计低水位（虹吸断流水位）计算

控制池设计低水位由装置系统所要求的浮体升降高度确定计算，在有地形高差的条件下，可适当取较低一点的水位。控制池设计低水位由真空破坏装置安装位置的高低控制。此装置的位置可上下调整，由需要的浮体升降高度决定。装置位置上调时，可减小浮体升降高度；下调时，可加大浮体的升降高度。所以，真空破坏装置的安装位置即控制池最高的设计低水位的计算可用下列公式计算（如图 3-8 所示）：

$$\nabla_{低水高} = \nabla_{池水高} - H_{吃大} - H_{升小} + H_{吃小}$$

$$\nabla_{低水高} = \nabla_{池水高} - W_{锤}/(\gamma_{\omega}A_{箱}) - H_{升小} \tag{3-25}$$

式中　$\nabla_{低水高}$——最高的设计低水位；

$\nabla_{池水高}$——控制池设计高水位；

$H_{吃大}$——浮体的最大吃水深度（浮体加重锤时的吃水深度），$H_{吃大} = (W_{锤} + W_{箱})/(\gamma_{\omega}A_{箱})$；

$H_{升小}$——浮体的最小升降高度；

$H_{吃小}$——浮体的最小吃水深度（浮体本身的吃水深度），$H_{吃小} = W_{箱}/(\gamma_{\omega}A_{箱})$；

$A_{箱}$——浮体的横截面面积；

$W_{锤}$——球型重锤的重量；

$W_{箱}$——浮体的重量。

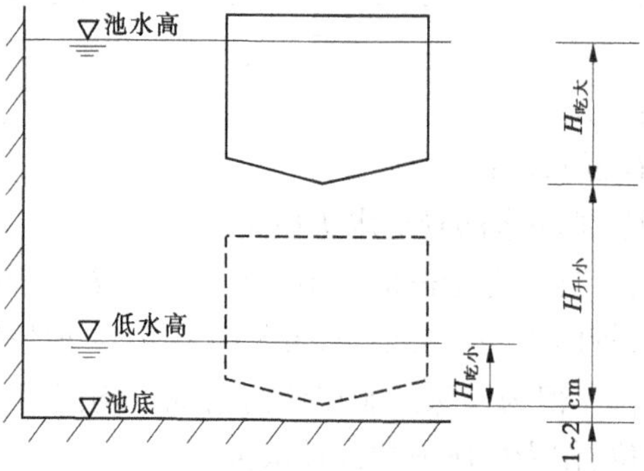

图 3-8　控制池水位图

5. 控制池池底高程确定

控制池池底高程可由控制池设计最低水位（虹吸断流水位）计算而得，一般情况下应考虑当浮体下降到最低位置时，不至于和池底接触为宜。所以，可取浮体底面距离控制池池底的高差为 1 ~2 cm，则控制池的池底高程为

$$\nabla_{池底高} = \nabla_{低水高} - H_{吃小} - (1 \sim 2) \tag{3-26}$$

式中　$\nabla_{池底高}$——控制池池底高程；

$\nabla_{低水高}$——最高的设计低水位；

$H_{吃小}$——浮体的最小吃水深度。

6. 控制池最大进水流量 $Q_{进大}$

控制池最大进水流量由波涌流灌溉所要求的最小灌水周期时间确定，它可取为控制池有效盛水容积和最小进水时间之比。即

$$Q_{进大} = V_{效} / T_{1小} \tag{3-27}$$

式中　$Q_{进大}$——控制池最大进水流量；

$V_{效}$——控制池有效盛水容积；

$T_{1小}$——控制池最小进水时间，由设计的最小周期时间和最小周期灌水时间确定。由试验分析，一般波涌流灌溉的最小周期时间不宜小于 10 min。

其中

$$V_{效} = A_{池}(\nabla_{池水高} - \nabla_{低水高}) - (W_{锤} - W_{箱})/\gamma_{\omega} \tag{3-28}$$

7. 虹吸管设计

虹吸管采用 PVC 硬塑料管，材料价格便宜，质地较硬，不易变形，抗老化性能较好，且可用冷弯的方法加工制成，加工方便，其形状如图 3-9 所示。

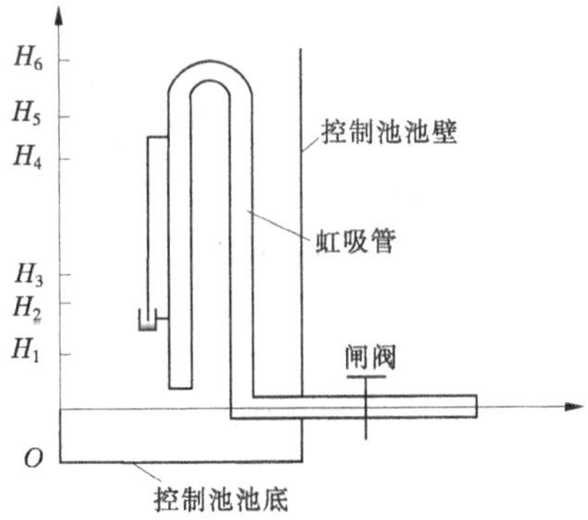

图 3-9　控制池水位示意图

管道水头损失大小可由水力学公式计算：

$$h_{虹损} = SQ^2_{虹} \tag{3-29}$$

式中　$h_{虹损}$——虹吸管水头损失；

S——管道阻力参数；

$Q_{虹}$——虹吸管出水流量。

8. 虹吸管出口高程计算

虹吸管出口高程的确定，要以能满足最大虹吸出流为依据，就是说，能满足最小周期灌水时间为目的，或者说，要求虹吸管出口与控制池设计低水位之间要有一定的高差，虹吸管出口高程可按下式计算：

$$\nabla_{虹出口高} = \nabla_{低水高} - h_{虹损} \tag{3-30}$$

式中　$\nabla_{虹出口高}$——虹吸管出口高程；

$\nabla_{低水高}$——控制池设计最高的虹吸断流水位；

$h_{虹损}$——管道水头损失。

9. 控制池最小进水流量确定

控制池最小进水流量可由虹吸管能形成虹吸的要求而确定，目前要通过精确计算确

定此流量还较为困难。因此，一般可采用试验的方法确定，但所得的控制池最小流量在某一控制池容积的情况下，可能会大于波涌流灌溉的最大周期时间所要求的流量需要。如向控制池供水流量较小时，供水流量和由虹吸管排出的水流量相等，而达到一种平衡状态，致使虹吸管不能形成虹吸，则装置不能正常工作，无法进行灌溉。所以，在没有其他帮助形成虹吸措施时，稳压池向控制池的供水流量不能小于某一数值。另一方面，波涌流灌溉有一灌水周期时间的要求，即控制池水位上下变化的一个周期不能小于灌水周期时间。因此，为了能满足灌水周期时间的需要，只能增大控制池的横断面积，在各种控制水位确定的情况下，使控制池的体积增大，所需控制水量也在增加。

为了使控制池横断面面积的确定不受限制，可增设一装置，调节由稳压池向控制池供水流量的大小，并使此流量以较小的数值流入，以增加进水时间，延长进水和排水时间，满足最大灌水周期时间的要求。在接近虹吸时，又以较大的流量流入，以满足形成虹吸的需要。为此要采取必要的结构措施以解决此问题。其方法是在稳压池向控制池供水的输水管上安装一浮球阀，利用控制水位来调节供水流量，以实现虹吸管自动虹吸的形成。其工作原理是：将浮球阀的浮球先放置于合适的位置（此位置可使适宜的供水流量流入控制池，以满足灌水周期时间的需要），当水位上升至某一位置时，浮球阀受到浮力作用，随水位而上升，浮球上升时，会使浮球阀的开启度逐渐增大，入池流量也会随之而增大，直至达到形成虹吸所需要的最小流量要求为止。采用此装置可使控制池横断面面积大为减小，只要满足安装浮体的要求即可，使得控制池体积不受最小进水流量的限制，设计灵活方便。同时，减少了向控制池供水的水量，节约了用水，节省了材料用量，降低了工程造价。

10. 设计波涌流灌溉水力自动装置所需最小地形高差

最小地形高差要求，是为了能排走虹吸管的出流水，最好考虑能使这部分水再重复利用。此最小高差可采用下式计算：

$$\nabla_{差} = \nabla_{渠低水} - \nabla_{虹出口高} + a \tag{3-31}$$

式中　$\nabla_{差}$——最小地形高差；

$\nabla_{渠低水}$——渠道最低水位；

$\nabla_{虹出口高}$——虹吸管出口高程；

a——安全值，可取为 1 ~ 2 cm。

11. 控制池横断面确定

1）试算法求控制池的横断面面积

控制池横断面的确定，第一，取决于浮体的横断面形式和尺寸；第二，取决于稳压池向控制池供水时的最小流量；第三，取决于该装置系统要求的最大灌水周期时间。在浮体横断面确定的条件下，控制池的横断面面积大小，主要由最大灌水周期时间和稳压池向控制池供水的最小流量决定，此最小流量的大小与虹吸管能否形成虹吸有直接关系。如前所述，当流量较小时，供水流量和虹吸管出水流量相等，而达到一种平衡状态，虹吸管不能形成虹吸。所以，向控制池供水的流量不能小于某一数值。另外，为了有足够的灌水周期时间，要求控制池有足够的容积。在此情况下，计算控制池横断面面积时，因各水位 H_1、H_2、H_3、H_4、H_5、H_6（如图 3-9 所示）都与 $A_{池}$ 的大小有关，所以直接计算相当困难。因此，可采用试算的方法计算确定。具体方法是先假定若干个 $A_{池}$ 值，计算相应的最大灌水周期时间,从里面选取一个最大灌水周期时间和设计最大灌水周期时间相等的 $A_{池}$ 值作为控制池的设计面积。

试算程序如下:

```
cls
s = s
a1 = sqr(s)
H_6 = H_6
H_闸启 = H_闸启
H_5 = H_6 - 0.5 * H_闸启
W_锤 = W_锤
γ_ω = γ_ω
INPUT"请输入的值";A_池
H_4 = H_5 - W_锤/(γ_ω * A_池)
H_2 = H_4 - H_闸启
F = F
H_3 = H_2 + F/(γ_ω * A_池)
H_1 = H_2 - 0.5 * H_闸启
a2 = sqr(H_6)
a3 = sqr(H_1)
Q_进小 = Q_进小
A_箱 = A_箱
a4 = sqr(H_3)
a5 = sqr(H_2)
a6 = sqr(H_5)
a7 = sqr(H_4)
W_箱 = W_箱
T_2 = 2 * a1 * A_池 * ((a2 - a3) + Q_进小 * a1 * (ln((a2 - Q_进小 * a1)/(a3 - Q_进小 * a1)))) -
    2 * a1 * A_箱 * ((a4 - a5) + Q_进小 * a1 * (ln((a4 - Q_进小 * a1)/(a5 - Q_进小 * a1)))) -
    2 * a1 * A_池 * ((a6 - a7) + Q_进小 * a1 * (ln((a6 - Q_进小 * a1)/(a7 - Q_进小 * a1)))) +
    (A_池 * (H_6 - H_1) - (W_锤 + W_箱)/γ_ω)/ Q_进小
PRINT"输出 T_2值:",T_2
END
```

2)采用辅助虹吸措施时控制池的横断面面积的确定

必须说明,前面介绍的第一种方法,由于要求有一最小流量,相应地就需要有一较大的控制池容积,给工程带来不便。所以,采用第二种方法较为适宜,即采用辅助虹吸的措施,在此情况下,由于装置供水流量在一定范围内任意可调,使供水流量很小,而延长灌水周期时间。同时,还可根据要求在不同时间长短时形成虹吸,也就是说,控制池横断面面积的确定不再受最小流量要求的制约,而直接根据浮体形状、大小确定即可。

3）校核计算装置系统最小周期时间 T_C 是否满足最小周期时间的需要

在控制池的横断面面积确定后，可将公式 $T=T_1+T_2$ 对 $Q_{进}$ 求导，计算出最小时间。若计算出的最小时间 $T_{小}$ 小于设计所需要的最小时间 T_C，则所确定的控制池的横断面面积是符合要求的。由试验分析可知，最小周期时间一般情况下不应小于 10 ~ 15 min。若周期时间 T_C 较小，灌水结束后，还不能形成光滑的致密层，下次灌水时，节水效果不明显，接近于连续灌水方法，所以此值不宜取得太小。

12. 灌水周期时间计算

如图 3-9 所示，在控制池面积 $A_{池}$、各控制水位、高程已知后，灌水周期时间计算如下：

（1）控制池进水时间 T_1 为

$$T_1 = \frac{A_{池} \times \Delta h - (W_{锤} + W_{箱})/\gamma_{\omega}}{Q_{进}} \tag{3-32}$$

（2）虹吸出流时间 T_2（共分为五个阶段）：

第一阶段：锤 + 箱一起下降，

$$t_1 = \int_{H_5}^{H_6} \frac{A_{池}}{\sqrt{H/S} - Q_{进}} \mathrm{d}H \tag{3-33}$$

设 $u=H^{1/2}$，则 $H=u^2$，$\mathrm{d}H=2u\mathrm{d}u$，因此，

$$\begin{aligned} t_1 &= \int_{\sqrt{H_5}}^{\sqrt{H_6}} \frac{A_{池}}{\sqrt{u^2/S} - Q_{进}} 2u\mathrm{d}u \\ &= 2\sqrt{S}A_{池}\int_{\sqrt{H_5}}^{\sqrt{H_6}} \left(1 + \frac{Q_{进}\sqrt{S}}{u - Q_{进}\sqrt{S}}\right)\mathrm{d}u \\ &= 2\sqrt{S}A_{池}\int_{\sqrt{H_5}}^{\sqrt{H_6}} \frac{u}{u - Q_{进}\sqrt{S}}\mathrm{d}u \\ &= 2\sqrt{S}A_{池}\{(\sqrt{H_6} - \sqrt{H_5}) + Q_{进}\sqrt{S}[\ln(\sqrt{H_6} - Q_{进}\sqrt{S}) - \ln(\sqrt{H_5} - Q_{进}\sqrt{S})]\} \end{aligned} \tag{3-34}$$

第二阶段：锤 + 箱→箱（此时，水箱不动，而箱体周围的水体下降）

$$\begin{aligned} t_2 &= \int_{H_4}^{H_5} \frac{A_{池} - A_{箱}}{\sqrt{H/S} - Q_{进}} \mathrm{d}H \\ &= 2\sqrt{S}(A_{池} - A_{箱})\{(\sqrt{H_5} - \sqrt{H_4}) + Q_{进}\sqrt{S}[\ln(\sqrt{H_5} - Q_{进}\sqrt{S}) - \ln(\sqrt{H_4} - Q_{进}\sqrt{S})]\} \end{aligned} \tag{3-35}$$

第三阶段：浮体本身下降

$$\begin{aligned} t_3 &= \int_{H_3}^{H_4} \frac{A_{池}}{\sqrt{H/S} - Q_{进}} \mathrm{d}H \\ &= 2\sqrt{S}A_{池}\{(\sqrt{H_4} - \sqrt{H_3}) + Q_{进}\sqrt{S}[\ln(\sqrt{H_4} - Q_{进}\sqrt{S}) - \ln(\sqrt{H_3} - Q_{进}\sqrt{S})]\} \end{aligned} \tag{3-36}$$

第四阶段：销钉内摩擦力 0→最大，设摩擦力传递给箱子的力为 F，则

$$F = \lambda F' \tag{3-37}$$

式中　λ——杠杆支点分别到杆与浮体支撑杆之间和到销钉与杠杆连接点之间的距离比值；

F'——销钉与钉槽之间的摩擦力。

$$F'=f_1N$$

式中　f_1——销钉与钉槽之间的摩擦系数；

N——销钉与钉槽之间的法向压力，可取为重锤的重量。

$$\begin{aligned}t_4&=\int_{H_2}^{H_3}\frac{A_{池}-A_{箱}}{\sqrt{H/S}-Q_{进}}\mathrm{d}H\\&=2\sqrt{S}(A_{池}-A_{箱})\{(\sqrt{H_3}-\sqrt{H_2})+Q_{进}\sqrt{S}[\ln(\sqrt{H_3}-Q_{进}\sqrt{S})-\ln(\sqrt{H_2}-Q_{进}\sqrt{S})]\}\end{aligned}\tag{3-38}$$

第五阶段：从摩擦力消失到虹吸结束的时间（水位下降到控制池设计低水位）。

$$\begin{aligned}t_5&=\int_{H_1}^{H_2}\frac{A_{池}}{\sqrt{H/S}-Q_{进}}\mathrm{d}H\\&=2\sqrt{S}A_{池}\{(\sqrt{H_2}-\sqrt{H_1})+Q_{进}\sqrt{S}[\ln(\sqrt{H_2}-Q_{进}\sqrt{S})-\ln(\sqrt{H_1}-Q_{进}\sqrt{S})]\}\end{aligned}\tag{3-39}$$

所以，控制池出水时间，即从虹吸开始到虹吸结束时间为以上五个阶段时间之和，即

$$\begin{aligned}T_2&=t_1+t_2+t_3+t_4+t_5\\&=2\sqrt{S}A_{池}\{(\sqrt{H_6}-\sqrt{H_1})+Q_{进}\sqrt{S}[\ln(\sqrt{H_6}-Q_{进}\sqrt{S})-\ln(\sqrt{H_1}-Q_{进}\sqrt{S})]\}-\\&\quad 2\sqrt{S}A_{箱}\{(\sqrt{H_5}-\sqrt{H_4})+Q_{进}\sqrt{S}[\ln(\sqrt{H_5}-Q_{进}\sqrt{S})-\ln(\sqrt{H_4}-Q_{进}\sqrt{S})]\}-\\&\quad 2\sqrt{S}A_{箱}\{(\sqrt{H_3}-\sqrt{H_2})+Q_{进}\sqrt{S}[\ln(\sqrt{H_3}-Q_{进}\sqrt{S})-\ln(\sqrt{H_2}-Q_{进}\sqrt{S})]\}\end{aligned}\tag{3-40}$$

由以上计算可得控制池水位一个上升和下降的周期时间，此时间即为闸门的一个开启和关闭的时间，也就是波涌流灌溉的灌水周期时间：

$$T=T_1+T_2$$

$$\begin{aligned}T&=\frac{A_{池}\times\Delta h-(W_{锤}+W_{箱})/\gamma_{\omega}}{Q_{进}}+\\&\quad 2\sqrt{S}A_{池}\{(\sqrt{H_6}-\sqrt{H_1})+Q_{进}\sqrt{S}[\ln(\sqrt{H_6}-Q_{进}\sqrt{S})-\ln(\sqrt{H_1}-Q_{进}\sqrt{S})]\}-\\&\quad 2\sqrt{S}A_{箱}\{(\sqrt{H_5}-\sqrt{H_4})+Q_{进}\sqrt{S}[\ln(\sqrt{H_5}-Q_{进}\sqrt{S})-\ln(\sqrt{H_4}-Q_{进}\sqrt{S})]\}-\\&\quad 2\sqrt{S}A_{箱}\{(\sqrt{H_3}-\sqrt{H_2})+Q_{进}\sqrt{S}[\ln(\sqrt{H_3}-Q_{进}\sqrt{S})-\ln(\sqrt{H_2}-Q_{进}\sqrt{S})]\}\end{aligned}\tag{3-41}$$

式中　H_6——控制池最高水位（虹吸开始时刻水位）；

H_5——锤绳拉紧时刻水位，$H_5=H_6-0.5H_{闸启}$；

H_4——重锤与水箱脱离时刻水位（只剩水箱浮力），$H_4=H_5-W_{锤}/(\gamma_{\omega}A_{池})$；

H_3——水箱下移，销钉处开始吃力时刻水位，$H_3=H_2+F/(\gamma_{\omega}A_{池})$；

H_2——销钉即将脱离未脱离时刻水位，$H_2 = H_4 - H_{闸启}$；

H_1——虹吸停止时刻水位，即控制池设计低水位，$H_1 = H_2 - 0.5H_{闸启}$；

$H_{闸门}$——闸门开启高度；

$A_{池}$——控制池横断面面积；

$A_{箱}$——浮体底面积；

H——某时刻的水深；

S——虹吸管的阻力参数；

$Q_{进}$——控制池进水流量；

Δh——控制池设计高水位和设计低水位高差，$\Delta h = H_6 - H_1$；

T——灌水周期时间；

T_1——控制池进水时间；

T_2——控制池出水时间。

另外，当知道灌水周期时间时，可由以上公式计算所需要的控制池最小进水流量，即可求得稳压池向控制池供水的流量大小。

三、实例

（一）试验装置

1. 结构设计

本设计闸门出水口为25 cm×14.5 cm，设计闸门开启高度3.3 cm。闸门尺寸设计为24 cm×24 cm×2 cm。其重量为2.8 kg，材料为混凝土。闸门与闸墩之间的摩擦系数为0.371 57，试验条件下，闸门提起时，作用于闸门上的水深为15.3 cm，则闸门上作用的侧向水压力为

$$P_{水} = 0.5\gamma h^2 = 0.5 \times 9.81 \times 0.153^2 = 0.115(\text{kN/m})$$

所以，总压力为

$$P_{总} = BP_{水} = 0.24 \times 0.115 = 0.028(\text{kN})$$

闸门下降时，闸门与闸墩之间产生的摩擦力为

$$F = fP_{总} = 0.371\,57 \times 0.028 = 0.01(\text{kN})$$

要使闸板能在自重力作用下将闸门关闭，必须使闸板的重量大于因侧向水压力而产生的与闸墩之间的摩擦力。所以，为保证能充分地使闸板关闭，用公式 $G_{闸} = KF$ 计算（K 为安全系数，可取3）：

$$G_{闸} = KF = 3 \times 0.01 = 0.03(\text{kN})$$

2. 重锤重量计算

为了保证能顺利地将闸门提起，重锤必须有足够的重量，要考虑滑轮内产生的摩擦力。

1）滑轮内产生的摩擦力计算

（1）闸门板上水深为23.2 cm，则作用于闸门板上的侧向水压力为

$$P_{水} = 0.5\gamma h^2 = 0.5 \times 9.81 \times 0.232^2 = 0.264(\text{kN/m})$$

所以，总压力为

$$P_{总} = BP_{水} = 0.24 \times 0.264 = 0.063(\mathrm{kN})$$

提升闸门时闸门与闸墩之间产生的摩擦力为

$$F = fP_{总} = 0.063 \times 0.371\,57 = 0.023(\mathrm{kN})$$

(2)滑轮内产生的摩擦力可用下式计算:

$$F' = f'(F + G_{闸}) \tag{3-42}$$

式中 F'——滑轮内产生的摩擦力;

f'——滑轮与滑轮轴之间的摩擦系数,取为0.327;

F——闸门与闸墩之间的摩擦力;

$G_{闸}$——闸门的重量。

所以

$$\begin{aligned} F' &= f'(F + G_{闸}) \\ &= 0.327 \times (0.023 + 0.03) \\ &= 0.017(\mathrm{kN}) \end{aligned}$$

2)重锤重量计算

重锤重量应该等于提升闸门所需重量和克服滑轮内产生的摩擦力之和,为了能顺利提起,可适当增大。重锤的重量按下列公式计算:

$$W_{锤} = G_{闸} + F + F' \tag{3-43}$$

式中 $W_{锤}$——重锤重量;

$G_{闸}$ 闸门的重量;

F——闸门与闸墩之间的摩擦力;

F'——滑轮内产生的摩擦力。

所以

$$\begin{aligned} W_{锤} &= G_{闸} + F + F' \\ &= 0.03 + 0.023 + 0.017 \\ &= 0.07(\mathrm{kN}) \end{aligned}$$

取重锤的重量为0.071 kN(7.25 kg)。

3. 支撑架结构设计

支撑结构采用角铁构成,角铁本身强度很高,体积小,结实耐用,不易损坏。其尺寸如图3-10所示。设计时可根据当地的实际地形条件和需要,充分考虑材料的合理利用,结构简单,功能齐备,同时又要便于移动,重复使用。

4. 控制水池设计

1)浮体设计

浮体材料为镀锌白铁皮。其设计是根据所需浮起的重力确定的,浮起的重力主要有:重锤的重量、浮体连杆与支撑架之间的摩擦力及浮体本身的重量。所需浮体的体积即为以上三种力量能排开水的体积。可采用下列公式计算:

$$V \geq W_{浮} / \gamma_{\omega}$$

式中 V——浮体所需体积,cm³;

$W_{浮}$——浮体所浮托的力,等于重锤的重量、浮体连杆与支撑架之间的摩擦力及浮

体本身的重量之和,kg;

γ_{ω}——水的容重,kN/m³。

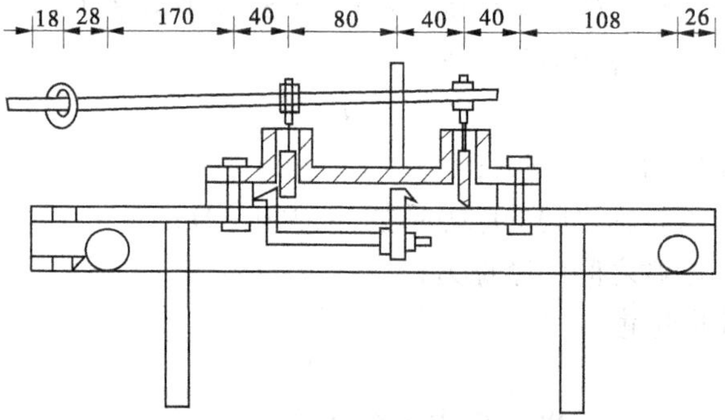

图 3-10　支撑结构尺寸示意图

为了保证浮体和重锤的组合体中心受力,重锤采用球体,而浮体底部(或浮体内胆)做成倒圆锥形,确保受力均匀,使浮体不发生倾斜,减小浮体连杆与支撑架之间的摩擦力,正常情况下此摩擦力很小,几乎为零。为保证有足够的浮托力,本设计中,浮体采用 $V_{浮} = 0.34\ \mathrm{m} \times 0.345\ \mathrm{m} \times 0.28\ \mathrm{m}$,重量为 $G1 = 0.047$ kN;此时,浮体浮起的重力为

$$W_{浮} = G1 + W_{锤} = 0.047 + 0.071 = 0.118(\mathrm{kN})$$

所需浮体体积为

$$V = \frac{W_{浮}}{\gamma_{\omega}} = \frac{0.118}{9.81} = 0.012(\mathrm{m}^3)$$

$$V_{浮} = 0.34 \times 0.345 \times 0.28 = 0.033(\mathrm{m}^3) > V = 0.012(\mathrm{m}^3)$$

即浮体体积符合要求。

2)控制池底面积确定

结合控制池构造,采用试算方法计算确定,设计中取用 38 ×42 =1 596 cm²。

3)控制池最高水位设计

(1)稳压池水位设计。

稳压池与水渠之间相连通,为减小或避免直接从渠道引水(渠道水位变化较大)影响进入控制池流量的稳定,而引起各波涌流灌溉参数值的不稳定,在控制池之前做一稳压池,进入控制池的水由稳压池供给,这样由于稳压池的稳压作用,引出的流量不会改变,可很好地控制进入控制池水的流量大小,从而有效地控制各波涌流灌溉参数。稳压池的尺寸可由其结构设计而定,因输入稳压池的流量本身较小,所以要求稳压池的体积并不大,其尺寸可由砖石本身大小确定,一般其长度和宽度均可取为一砖的长度,其高度取为一砖宽即可。本设计中采用了 10 cm×15 cm×20 cm 的塑料制成的稳压水池。工作时调节水渠引入稳压池的流量稍大于由稳压池引入控制池的流量,多余的水由稳压池顶溢出,以保证稳压池水位的稳定,从而保证稳压池出水量的稳定。稳压池水位可由渠道内最低水位推求:它等于渠道最低水位减去渠道和稳压池之间连通管内的水头损失,即

$$\nabla_{稳压} = \nabla_{渠低水} - h_{损} \tag{3-44}$$

式中　$\nabla_{稳压}$——稳压池水位;

$\nabla_{渠低水}$——渠道最低水位，本设计中，以虹吸管管口中心为相对高程零点，渠道最低水面高度为46.4 cm；

$h_{损}$——渠道向稳压池输水的管道水头损失。

因连通管长度很小，并且管内流速也很小，所以管内水头损失很小，一般情况下，可取渠道最低水位为稳压池的设计水位。本设计中取 $h_{损}=5$ cm，则稳压池的水面高度为

$$\begin{aligned}\nabla_{稳压} &= \nabla_{渠低水} - h_{损}\\ &= 46.4 - 5\\ &= 41.4(\text{cm})\end{aligned}$$

(2)控制池的最高水位确定。

控制池进水由稳压池供给。控制池水位等于稳压池水位减去由稳压池向控制池供水的引水管管内的水头损失，一般情况下，此水头损失很小。但为了确保能有充足的供水量，可取一低于稳压池水位的数值。设计中此值取为7 cm，即

$$\begin{aligned}\nabla_{池水高} &= \nabla_{稳压} - 7\\ &= 41.4 - 7\\ &= 34.4(\text{cm})\end{aligned}$$

池顶高程为控制池最高水位加上安全超高，即

$$\nabla_{顶} = \nabla_{池水高} + a \tag{3-45}$$

式中　$\nabla_{顶}$——控制池池顶高程；

$\nabla_{池水高}$——控制池设计高水位；

a——安全超高，可取2～3 cm。

则

$$\nabla_{顶} = \nabla_{池水高} + a = 34.4 + 2 = 36.4(\text{cm})$$

4)控制池设计低水位

控制池设计低水位即虹吸断流水位，由真空破坏装置控制。真空破坏装置的安装位置即控制池最高的设计低水位可用下式计算：

$$\nabla_{低水高} = \nabla_{池水高} - H_{吃大} - H_{升小} + H_{吃小}$$

$$\nabla_{低水高} = \nabla_{池水高} - W_{锤}/(\gamma_{\omega}A_{箱}) - H_{升小}$$

式中　$\nabla_{低水高}$——控制池最高的设计低水位；

$\nabla_{池水高}$——控制池最高设计水位；

$H_{吃大}$——浮体的最大吃水深度(浮体加重锤时的吃水深度)；

$H_{吃小}$——浮体的最小吃水深度(浮体本身的吃水深度)；

$H_{升小}$——浮体的升降高度，本试验装置取为17.22 cm。

$$\begin{aligned}H_{吃大} &= (W_{锤} + W_{箱})/(\gamma_{\omega}A_{箱})\\ &= (0.071 + 0.047)/(9.81 \times 0.34 \times 0.345)\\ &= 0.1025(\text{m})\end{aligned}$$

$$\begin{aligned}H_{吃小} &= W_{箱}/(\gamma_{\omega}A_{箱})\\ &= 0.047/(9.81 \times 0.34 \times 0.345)\\ &= 0.0408(\text{m}) = 4.08(\text{cm})\end{aligned}$$

$$\nabla_{低水高} = \nabla_{池水高} - W_{锤}/(\gamma_{\omega}A_{箱}) - H_{升小}$$
$$= 0.344 - 0.071/(9.81 \times 0.34 \times 0.345) - 0.1722$$
$$= 11.01(cm)$$

则池底高程为

$$\nabla_{池底高} = \nabla_{低水高} - H_{吃小} - (1 \sim 2)$$
$$= 11.01 - 4.08 - (1 \sim 2)$$
$$= 5.93 \sim 4.93(cm)$$

本试验装置中,由于地形高差较大,所以选取较小的池底高程,适当降低,取为 -1.00 cm。

5)虹吸管结构设计

虹吸管采用冷弯 ϕ16PVC 塑料管,质地较硬,材料价格低廉,耐风化,不易变形,本装置设计中,虹吸管可采用冷加工的弯制方法制成,即可直接利用 PVC 塑料管弯制而成,或采用弯簧弯制而成,不需其他特殊的处理加工方法。这套装置的加工方便灵活,比采用钢管或铁管弯制的虹吸管价格降低,节省了工程造价。其形状如图 3-9 所示:前段 PVC 管长为 L_1 =60 cm,实际内径 14.5 cm,后段钢管长度 L_2 =30 cm,内径 D =25 cm。

(二)试验成果

波涌流灌溉水力自动装置经运行观测,工作性能稳定可靠,状态优良,由表中数据分析,各历时参数相差很小,最大绝对误差:控制池进水时间为 3 s,虹吸时间为 2 s,总历时为 5 s;渠道放水时间 4 s,渠道停水时间为 3 s,总历时为 7 s。与平均时间的误差为 ±2 s,所以该装置在试验条件下,工作性能稳定,波涌流灌溉参数相对误差甚小,对于大田灌溉来说,此误差微不足道。完全能很好地、保质保量地完成设计的波涌流灌溉,为实现农田节水灌溉,大力推广节水农业技术,节约水资源,提高灌溉水的利用率,使水发挥更大的效益,提供了一套造价低廉、结实耐用、运移方便、性能可靠的简单设备。实际测定的结果见表 3-12。

表 3-12　波涌流灌溉水力自动装置性能参数指标试验表

控制池					闸门		渠道		
虹吸开始时间	虹吸停止时间	进水时间(min s)	虹吸出水时间(min s)	总历时(min s)	开启时间	关闭时间	放水时间(min s)	停水时间(min s)	总历时(min s)
00:00:00	00:08:05	08 05	12 10	20 15	00:04:09	00:14:15	10 06	10 09	20 15
00:20:15	00:28:19	08 04	12 11	20 15	00:24:24	00:34:32	10 08	10 08	20 16
00:40:30	00:48:34	08 04	12 11	20 15	00:44:40	00:54:47	10 07	10 07	20 14
01:00:45	01:08:50	08 05	12 13	20 18	01:04:54	01:15:00	10 06	10 08	20 14
01:21:03	01:29:06	08 03	12 10	20 13	01:25:08	01:35:16	10 08	10 06	20 14
01:41:16	01:49:20	08 04	12 11	20 15	01:45:22	01:55:30	10 08	10 08	20 16
02:01:31	02:09:35	08 04	12 10	20 14	02:05:38	02:15:47	10 09	10 08	20 17

续表 3-12

控制池					闸门		渠道		
虹吸开始时间	虹吸停止时间	进水时间（min　s）	虹吸出水时间（min　s）	总历时（min　s）	开启时间	关闭时间	放水时间（min　s）	停水时间（min　s）	总历时（min　s）
02:21:45	02:29:49	08　04	12　11	20　15	02:25:55	02:36:05	10　10	10　07	20　17
02:42:00	02:50:05	08　05	12　12	20　17	02:46:12	02:56:21	10　09	10　07	20　16
03:02:17	03:10:22	08　05	12　11	20　16	03:06:28	03:16:36	10　08	10　08	20　16
03:22:33	03:30:37	08　04			03:26:44				
平　均		08　04	12　11	20　15			10　08	10　07	20　15

四、水力自动装置的特点

本装置设计过程中充分考虑了波涌流灌溉的特点，所研制的自动装置对各波涌流灌溉参数均可实现无级调节。

（一）单宽流量的调节

对单宽流量（或波涌流灌溉流量）的调节控制，是利用支架上的两个挡销之间的距离变化完成的，左右两块挡销之间用螺丝连接，可实现两个挡销之间距离的无级变化。闸门被重锤拉起时，左销钉 29 总是在如图 3-6 所示位置，不会改变。因此，通过调节 25 和 29 两挡销的距离，从而可对闸门开启高度进行无级调节，控制灌溉流量大小。

（二）灌水周期时间调节

灌水的周期时间是利用控制池水位上升和下降的周期时间来调节的，控制池中水位的上升和下降周期与闸门的开启和关闭周期保持一致，即控制池中水位一个上升和下降的周期等于闸门一个开启和关闭的周期，而闸门的开启和关闭周期即为一个放水和停水的周期，亦即波涌流灌溉的周期时间。所以，通过调节控制池中的水位上升和下降的周期时间就可以调节灌水的周期时间。控制池中水位上升和下降的周期时间的调节方法是：第一，通过调节稳压池向控制池供水管上球阀开启度，可以调节进入控制池水量大小，调节控制池中进水和水位上升时间；第二，在控制池内设有虹吸管，当控制池内水位上升到一定高度时，虹吸管形成虹吸，虹吸流量大于进水流量，所以控制池内水位开始下降，虹吸管上设有真空破坏装置，当控制池内水位下降到一定高度时，真空破坏装置吸入空气，破坏虹吸管内的真空，使虹吸结束。控制池进水管一直向池内供水，此时控制池水位回升。在虹吸管出水末端也设有闸阀来调节虹吸管出水流量，从而调节控制池出流时间。所以，利用控制池的进水管和出水管上设置的阀件，可实现进水量和出水量的调节，以达到控制池水位上升和下降的周期时间，实现灌溉周期时间的调节。

（三）周期灌水时间和周期停水时间及循环率调节

在灌水周期时间确定以后，还可以调节波涌流灌溉的周期灌水时间和周期停水时间。其方法是调节杠杆与销钉之间连接拉绳的长度。杠杆与两个销钉之间拉绳的一端用螺丝连接，可实现其连接长度的无级调节，通过其长度的调整，可使浮体在不同位置时，销钉开启或关闭，以此来控制和调节闸门的开启时间和关闭时间，从而调节灌溉的周期灌水时间和周期停水时间，进而满足循环率的要求。

第四节　渠灌区翻板闸门式水力自动波涌流灌溉系统

一、系统组成

为了能够使波涌流自动灌溉设备在广大灌区能够较快地得到推广和应用，要求其应具有性能稳定、价格低廉、使用寿命长等优点，同时也要求其工作参数在任意情况下，能够随意调节，满足不同的灌溉需求。因此，在本设备系统设计中，力求结构简单易掌握，在材料的选择上应可重复利用，使用年限较长，在设备的移动过程中不易损坏。同时，在波涌流灌溉的控制参数调节上，应简易方便。

系统主要由水源、输水渠道、水力翻板闸门、杠杆式转换传动机械装置、调控池、浮体、重锤、虹吸式时间调节管及虹吸管等组成。

在系统中，闸门采用翻板式钢闸门，闸门的开启是依靠重锤的提升，达到某一开启度时，作用在闸门上的各力相对于横轴的合力矩为零来实现。闸门的关闭依靠闸门的自重和水压力等的共同作用而实现，闸门通过悬挂于滑轮上的钢丝绳与滑块相连接。翻板闸门固定于框架内，镶嵌于渠道内壁。杠杆式转换机械装置安装一滑块，两挡销采用螺栓连接并固定在滑块的两端，通过螺丝的转动，对两挡销之间的距离进行无级调节，从而达到对闸门开启度进行无级调节的目的，进而控制灌溉流量的大小。杠杆式转换机械装置底座采用角铁，因其强度、刚度，无须计算、校核，可完全根据装置的具体构造而定。为降低造价，对调控池的材料采用砖石圬工结构。为了延长调控池的使用寿命和提高波涌灌溉参数的稳定性，对调控池的内壁进行混凝土抹面。浮体采用镀锌白铁皮做成。为保证浮体随水位上下浮动时的稳定性，浮体底部做成圆锥形，浮体做成圆柱形。重锤采用圆球，这样在重锤与浮体相接触时，可确保浮体中心受力，不使重锤和浮体结合时发生倾斜，在浮体随水位上下浮动时，可以减小浮体连杆与平板上套筒之间的摩擦力，保证各参数的恒定。调控池的进水可以通过安装在渠道底部的进水管引取。调控池进水流量的大小可以通过进水管上的闸阀来控制，进而可以调节和控制进入调控池的时间。在调控池的外侧安装有虹吸式时间调节管和虹吸管，当调控池内的水位上升到一定高度时，即达到虹吸管能发生虹吸时的水位时，虹吸管便自动形成虹吸出水。在对其进行设计时，虹吸管的管径应稍大于或等于进水管的管径，只需通过调节进水管上的闸阀，就可以方便地调节流量，使虹吸管的虹吸出水流量大于调控池的进水流量，虹吸发生后调控池内的水位下降，在虹吸管上安装虹吸式时间调节管，当调控池内水位下降到虹吸式时间调节管进口处时，虹吸式时间调节管进口处吸入空气，破坏掉虹吸管内的真空，此时虹吸结束，而调控池内的进水管仍一直向池内进水，调控池内的水位重新升高。因此，通过调节进水管上的闸阀可以实现对进水管流量的调节，或者调节虹吸管。虹吸管和虹吸式时间调节管之所以安装在调控池的外侧，是便于调节虹吸管形成虹吸时的最高点的安装高度，以达到控制和调节进水和出水的周期时间的目的，实现波涌流灌溉的周期时间的调节，进而实现对闸门的开启时间和关闭时间的调节。杠杆式转换机械装置上的杠杆与销钉之间采用铁丝弯结连接，杠杆通过其上的小孔沿铁丝上下滑动，从而对其连接长度进行调节，进而改变进水和出水的周期时间，即改变控制闸门的开启和关闭时间，从而控制灌溉的周期灌水时间和周期停水时间的大小，实现循环率的调节。为了使波涌流自动灌溉设备及技术能较快地在广大灌区推广应用，在设备设计中，应使其性能稳定、工作可靠、价格低廉、耐久性好、使用寿命长，同时各工作参数可随具体情况不同而任意调节，能满足不同灌溉需要。因此，在设备的结构设计中，力求结构简单、操作方便、易于掌握；材料选择上力求可重复利用，使用年限长，移动过程中不易被损坏。同时，在波涌流灌溉参数调节时，其调节机构及方式简易方便。

二、系统工作原理

翻板闸门式水力自动波涌流灌溉设备不需要其他外动力，利用可供调节的简单机械转换装置，依靠渠道内的灌溉用水作为动力，来控制该设备的工作，实现了波涌流灌溉灌水参数的无电自动调控。该设备的工作过程如图 3-11 所示。打开引水管 28 上的闸阀 29，向调控池 20 内供水，此时，水力翻板闸门 1 由于右销钉 23 的阻挡作用，处在设定的某一开度上固定不动，所以渠道出水口一直向畦田内供水，由于翻板闸门 1 在重力和水压力和钢丝绳的拉力作用下，处于平衡状态，不能翻转，即开启度不变，所以其出水量不变，随着调控池 20 内水位的上升，在水的浮力作用下，浮体 19 随之上升，重锤 18 被托起，连接球形重锤的钢丝绳开始松弛，两者共同上升到一定高度时，杠杆 12 在连杆 14 的推动下向上抬起，右销钉 23 被抬起，在水力翻板闸门 1 的重力及灌溉水压力共同作用下钢丝绳拉动滑块 24，滑块 24 在钢丝绳 3 的拉力下，克服钢丝绳 3 与滑轮 4、15、浮体 19 和横梁 5 与滑槽之间的摩擦力向左滑动，滑块 24 左端的挡销 25 将左销钉 9 向上推开，并移到它的左侧，此时闸门关闭，停止向畦田内供水，当调控池 20 内水位上升到一定高度时，即虹吸管

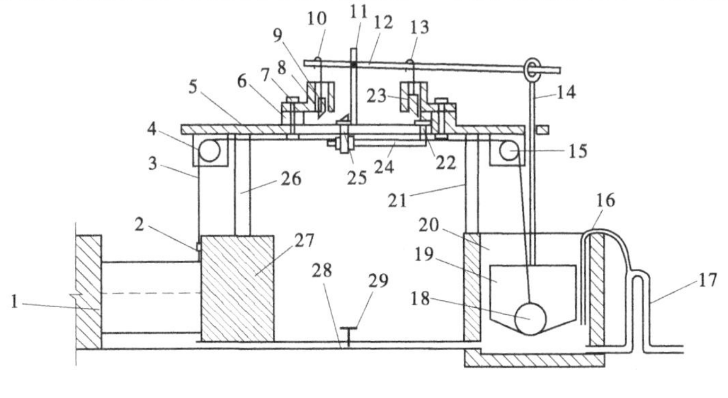

1—水力翻板闸门；2—滑轮；3—钢丝绳；4—滑轮；5—横梁；6—垫块；7—螺栓；8—支销棒；9—左销钉；10—左滑杆丝；11—支架；12—杠杆；13—右滑杆丝；14—连杆；15—滑轮；16—虹吸式时间调节管；17—虹吸管；18—重锤；19—浮体；20—调控池；21—支撑架；22—右挡销；23—右销钉；24—滑块；25—左挡销；26—支撑架；27—渠道；28—引水管；29—闸阀

图 3-11　翻板闸门式水力自动波涌流灌溉系统

形成虹吸时的水位时，虹吸管17开始虹吸，调控池20内的水被排出，由于虹吸管17的出流量大于引水管28的进水流量，此时池内水位逐渐下降，浮体19随水位下降而一起下降，下降到一定高度时，重锤18靠销钉9的阻挡而不能向下移动，此时，重锤18与浮体19脱离，当浮体下降到一定位置时，由于连杆的拉力作用，杠杆12被向下拉动，销钉9被提起，在重力作用下，重锤18向下运动，落入浮体19内，翻板闸门1在重锤18的作用下同时被钢丝绳3拉动翻转，滑块24向右移动，滑块右挡销22将右销钉23向上推开，并移到销钉23的右侧，此时渠道27出水口向外出水，即向畦田内供水，此时，虹吸式时间调节管16吸入空气，虹吸管真空破坏，停止出水，完成一个灌水与停水周期，重复此过程，直到灌溉完成。

第五节　渠灌区虹吸管式水力自动波涌流灌溉系统

一、系统构成

虹吸管式自动波涌流灌溉装置由水车、接水器、稳压池Ⅰ、虹吸池供水管、虹吸池供水管闸阀、稳压池Ⅱ供水管、稳压池Ⅱ供水管闸阀、辅助虹吸管、辅助虹吸管闸阀、稳压池Ⅱ、虹吸池、虹吸管、虹吸管闸阀、拍门、池壁、连通管构成，如图3-12所示。水车通过水车支架固定在渠道上，或固定在设置的专用固定底座上；接水器一端固定在水车上，另一端与稳压池Ⅰ相连；渠道边墙上部设置稳压池Ⅰ；固定稳压池Ⅰ的渠道顶部应向渠道内倾斜，使稳压池Ⅰ充满水后的溢流水流入渠道内；渠道边墙兼作虹吸池的池壁，渠道和虹吸池之间设有连通管以连通渠道和虹吸池，虹吸池为顶部开口的水池，可用一般水池构造设计，连通管可在修筑渠道时，预留一孔即可，或用一段管道代替亦可，其出口的拍门可用轻质材料做成，采用立轴式支承，以减小拍门处的水头损失；虹吸池内设有稳压池Ⅱ，稳压池Ⅱ的池顶高程应高于虹吸池最高水位，稳压池Ⅱ通过稳压池Ⅱ供水管与稳压池Ⅰ相连，虹吸池通过虹吸池供水管与稳压池Ⅰ连通；虹吸池供水管及稳压池Ⅱ供水管上分别设置有虹吸池供水管闸阀及稳压池Ⅱ供水管闸阀，用以调节流量大小；辅助虹吸管一端设置在稳压池Ⅱ下部，另一端与虹吸管连通，帮助虹吸管形成虹吸，辅助虹吸管上设置有辅助虹吸管闸阀，可调节流量大小，同时当稳压池Ⅱ内水位下降露出辅助虹吸管进口时，辅助虹吸管吸入空气，破坏虹吸管的真空，使虹吸管停止虹吸。虹吸管固定在虹吸池池底或池壁上；虹吸管呈倒U形，一端设置在虹吸池中，另一端与灌溉用管道连接；虹吸池通过连通管与渠道相通；连通管与虹吸池连接处设有拍门，防止虹吸池中水流倒流回渠道内。

二、工作原理及过程

本系统工作时，在渠道输水条件下，可完成自动波涌流灌溉。首先将装置固定好，当渠道中有水流通过时，水流冲击水车转动，在水车边缘上设置有水筒，当水筒随水车转动到下部时，其位置要低于渠道中的水位，能使水筒内装满水，水筒随水车转动，将渠道中的一部分水抬高到水车顶部，倒入接水器中，水由接水器输入到稳压池Ⅰ中，多余的水由稳压池Ⅰ顶溢流到渠道内，能保证稳压池Ⅰ内始终充满水，起到稳压作用，以能使进入虹吸

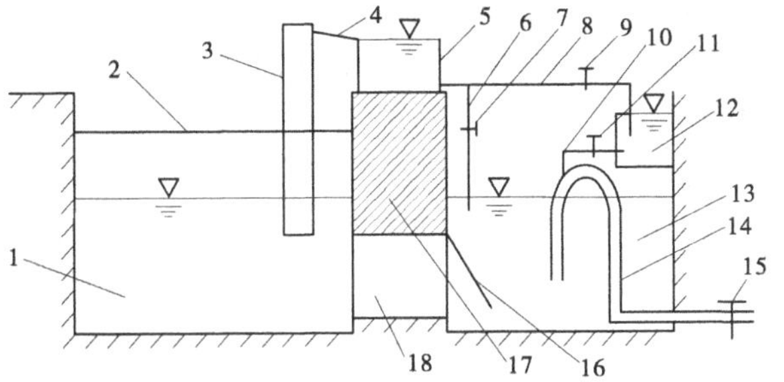

1—渠道；2—水车支架；3—水车；4—接水器；5—稳压池Ⅰ；6—虹吸池供水管；
7—虹吸池供水管闸阀；8—稳压池Ⅱ供水管；9—稳压池Ⅱ供水管闸阀；
10—辅助虹吸管；11—辅助虹吸管闸阀；12—稳压池Ⅱ；13—虹吸池；
14—虹吸管；15—虹吸管闸阀；16—拍门；17—池壁；18—连通管

图 3-12　虹吸管式自动波涌流灌溉装置示意图

池供水管和稳压池Ⅱ供水管的水流流量不变，两管中的流量大小分别用虹吸池供水管闸阀及稳压池Ⅱ供水管闸阀进行调节；由于虹吸池供水管直接向虹吸池中供水，所以虹吸池中水位不断上升，此时拍门自动关闭，防止虹吸池中的水倒流回渠道中；由于稳压池Ⅱ供水管向稳压池Ⅱ中供水，且稳压池Ⅱ供水管向稳压池Ⅱ供水的流量大于辅助虹吸管的出流水量（通过调整稳压池Ⅱ供水管闸阀和辅助虹吸管闸阀开度实现），使稳压池Ⅱ中水位也不断上升；当虹吸池中水位上升到一定位置时，在辅助虹吸管的作用下，虹吸管自动形成虹吸，即可向田间供水，进行第一周期的灌溉，由于渠道中的水会通过连通管连续不断地给虹吸池补水，此时水位会迅速变得稳定，使虹吸流量不变，保证了向田间供水的稳定性。

适当调整稳压池Ⅱ供水管闸阀和辅助虹吸管闸阀开度，能使得在虹吸管未形成虹吸前，稳压池Ⅱ供水管中的流量大于辅助虹吸管中流量（使用前率定好），使稳压池Ⅱ中的水位逐渐上升（当升高到稳压池Ⅱ的池顶时，多余水量溢流到虹吸池中，但最好稳压池Ⅱ制作得大一点，不让其溢流）；当虹吸管形成虹吸后，由于虹吸作用，使得辅助虹吸管中水流速加大，流量变大，致使稳压池Ⅱ中水位下降，当下降到辅助虹吸管进口时，吸入空气，破坏虹吸管的真空，使虹吸管停止虹吸，进入周期停水时间。

通过以上动作，完成了第一周期的灌水过程和停水过程。

从虹吸管停止虹吸到再次形成虹吸之间的时间间隔为波涌流灌溉的周期停水时间。周期停水时间是通过适当调整虹吸池供水管闸阀开度，调整进入虹吸池流量大小，控制虹吸池水位上升速度，以控制虹吸管再次形成虹吸的时间，从而实现了波涌流灌溉的周期停水时间；从虹吸管开始形成虹吸到虹吸管停止虹吸之间的时间间隔为波涌流灌溉的周期灌水时间。周期灌水时间是通过适当调整稳压池Ⅱ供水管闸阀开度和辅助虹吸管闸阀开度，调整稳压池Ⅱ水位上升和下降的时间，控制虹吸管工作时间，从而实现波涌流灌溉的周期灌水时间。

通过以上方法，调整各闸阀的开度，来调整周期灌水时间和周期停水时间，实现不同灌溉技术要求的波涌流灌溉。

当各闸阀开度调整好后，在整个灌水过程中，不再改变。所以，稳压池Ⅰ一直向虹吸池供水管和稳压池Ⅱ供水管中供水，而且流量不变，此时虹吸池中水位在不断上升，当虹吸池中水位上升到一定位置时，在辅助虹吸管帮助下，虹吸管自动形成虹吸，即可向田间供水，进行第二周期的灌溉。这样，周而复始，实现了波涌流灌溉。

再者，可以通过调整虹吸管闸阀开度，以调整虹吸出水流量大小，满足田间灌溉对流量大小的需要。通过以上各闸阀开度的调节，即可实现对不同流量、不同周期灌溉时间、不同周期停水时间、不同循环率的波涌流灌溉技术参数的调节，满足现实的需要。

三、系统特点

该虹吸管式自动波涌流灌溉装置的研制，很好地解决了在渠道输水条件下实现自动波涌流灌溉的难题，实现了用渠道中的水作为动力的自动节水灌溉，无需电、油等外动力，无污染，对水质无要求，具有节能、省力、灌水均匀、灌水质量高、节水效率高、装置投资省、使用方便等优点，为实现节水灌溉、节水农业打下了坚实的基础。

第六节　管灌区水箱式水力自动波涌流灌溉技术

管道输水灌溉技术在我国广大灌区已得到大力发展，但田间的灌溉技术还很缺乏；同时，间歇灌溉技术已有多年的发展历史，是一种非常适合我国广大灌区现状的地面节水灌溉技术。为了较准确地控制各间歇灌溉参数，提高灌溉水的利用率和灌水质量，实现自动间歇灌溉，降低劳动强度，研制了横轴式水力自控多向间歇灌溉装置及纵轴式水力自控多向间歇灌溉装置，实现了在低压管道输水灌溉条件下，田间波涌流灌溉的自动化。

一、横轴式水力自控多向间歇灌溉装置

横轴式水力自控多向间歇灌溉装置可在低压管道输水灌溉系统中使用，将给水栓和该装置相连，即可实现大田自动波涌流地面节水灌溉，既不需要其他外动力，也没有对水质的限制，能方便地进行各间歇灌溉的技术参数调节，使用方便、灵活，节水、省工、省力、节能。

（一）装置构成

横轴式水力自控多向间歇灌溉装置，由计时水箱、分水水箱及设在分水水箱内的传动轮系等组成。传动轮系由传动轮系轴、弹簧、主动轮、从动轮、转向轮构成，传动轮系轴穿过弹簧、主动轮、从动轮和转向轮安装在分水水箱内部。如图3-13所示。

分水水箱、计时水箱连接成一个整体，中间用隔板隔开，构成两个独立工作的水箱；虹吸管固定在计时水箱的底板上；计时水箱供水管固定在计时水箱的上部，用于向计时水箱供水；计时水箱供水管另一端通过三通与总供水管相连；浮球阀固定在分水水箱上部；转向轴固定在计时水箱和分水水箱中间隔板上部的箱壁上；右转向轴轴承8和左转向轴轴承8′紧邻并排分别固定在转向轴上；动力浮球固定轴固定在计时水箱上部的箱壁上，动力浮球固定轴上设有动力浮球固定轴轴承；动力浮球拉绳绕过动力浮球固定轴轴承以及右转向轴轴承将动力浮球和主动轮相连；复位浮球固定轴固定在计时水箱底部靠近底板

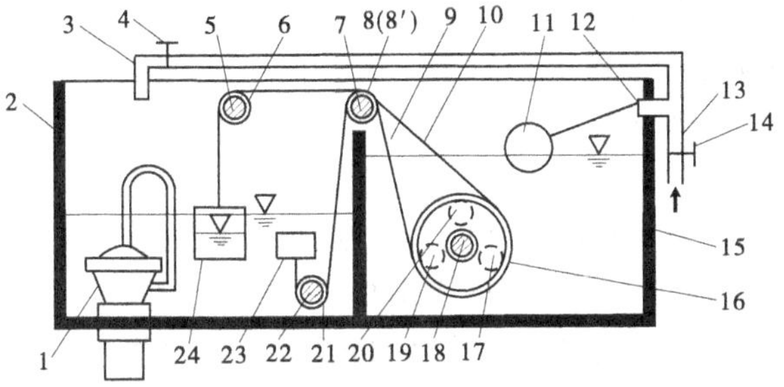

(a)横轴式水力自控多向间歇灌溉装置示意图

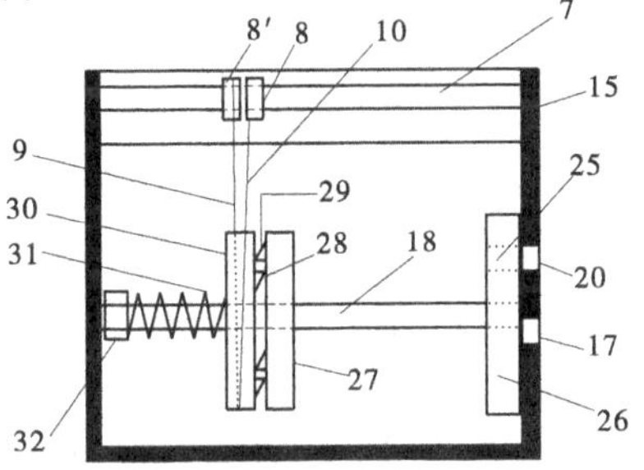

(b)传动轮系及出水孔装置侧视图

1—虹吸管;2—计时水箱;3—计时水箱供水管;4—计时水箱供水管闸阀;5—动力浮球固定轴;
6—动力浮球固定轴轴承;7—转向轴;8—右转向轴轴承;8′—左转向轴轴承;9—复位浮球拉绳;
10—动力浮球拉绳;11—浮球阀浮球;12—浮球阀;13—总供水管;14—总供水管闸阀;
15—分水水箱;16—传动轮系及放水孔;17—右放水孔;18—传动轮系轴;19—左放水孔;
20—上放水孔;21—复位浮球固定轴轴承;22—复位浮球固定轴;23—复位浮球;24—动力浮球;
25—转向轮放水孔;26—转向轮;27—从动轮;28—主动轮楔形挡块;29—从动轮楔形挡块;
30—主动轮;31—弹簧;32—弹簧固定销

图 3-13　横轴式水力自控多向间歇灌溉装置图

的箱壁上,复位浮球固定轴上设有复位浮球固定轴轴承;复位浮球拉绳绕过复位浮球固定轴轴承和左转向轴轴承将复位浮球和主动轮相连;安装时,动力浮球、动力浮球拉绳及复位浮球、复位浮球拉绳和主动轮尽量在一个竖直平面内,同时动力浮球固定轴与复位浮球固定轴的安装位置以保证动力浮球和复位浮球可自由上下移动并且不相互影响、碰撞即可;上放水孔、左放水孔、右放水孔之间呈 120°夹角分布在分水水箱箱壁上的同一个同心圆上,传动轮系轴的右轴端固定在此同心圆圆心位置的分水箱箱壁上;传动轮系轴另一端固定在另一侧分水箱箱壁上;弹簧固定销固定在传动轮系轴的靠近轴端的位置上,用于固定弹簧;转向轮刚性连接固定在传动轮系轴与分水水箱箱壁的连接处;转向轮可紧贴着分水水箱的箱壁转动,但不产生漏水;转向轮上设置有一个转向轮放水孔,转向轮放水孔与上放水孔、左放水孔、右放水孔三个放水孔等径布置,即转向轮放水孔与上放水孔、左放水孔、右放水孔的直径相等,且转向轮放水孔可分别与上放水孔、左放水孔、右放水孔完全吻合对正;从动轮刚性连接固定在传动轮系轴上;弹簧一端固定在弹簧固定销上,另一端与主动轮相接触,以适当的压力将主动轮顶压在从动轮上;主动轮可在传动轮系轴上转动;主动轮楔形挡块(共有三块)固定在主动轮轮盘上,并且在主动轮上呈 120°分布;从动轮楔形挡块(亦有三块,并与主动轮的三块楔形挡块对应)固定在从动轮轮盘上,亦在从动轮上呈120°分布,主动轮楔形挡块和从动轮楔形挡块可以互相咬合,依靠两楔形挡块之间的相互咬合,当主动轮转动时,从动轮也跟着主动轮转动,从而通过传动轮系轴带动转向轮转动,使转向轮放水孔每转动120°夹角,会和相应的上放水孔、左放水孔或右放水孔其中的一个对正,可以通过对正的两孔向外放水,而其他两放水孔被转向轮封堵,不能放水。三个放水孔分别用管道与所灌溉的农田相通,这样实现了三个放水孔轮流放水要求。如此周而复始地工作,即可实现各放水孔之间轮换供水,再将各放水孔中水流引向田间,即可实现间歇灌溉。

(二)工作原理及过程

本装置工作时,在管道输水条件下,可自动完成间歇灌溉。首先将装置固定好,当灌溉管道中有水流通过时,通过田间给水栓与该装置的总供水管相连,水流通过计时水箱供水管向计时水箱供水,通过浮球阀向分水水箱供水,此时调整好转向轮放水孔的位置,使其与上放水孔、左放水孔、右放水孔中的任意一个对正,即可通过放水孔向田间供水。由于计时水箱供水管一直向计时水箱中供水,水箱中水位会不断上升,复位浮球、动力浮球亦随着同步上升,当计时水箱中水位上升到一定高度时,在复位浮球浮力作用下,主动轮通过复位浮球拉绳牵拉转动,顺时针旋转120°,此时主动轮和从动轮是脱开的,从动轮不转动;当水位继续上升到一定高度时会自动形成虹吸,会使计时水箱水位迅速下降,随着计时水箱中水位快速下降,复位浮球、动力浮球亦随着同步下降,在动力浮球重力作用下,主动轮通过动力浮球拉绳牵拉转动,再通过主动轮楔形挡块和从动轮楔形挡块之间的咬合作用,带动从动轮转动,由于从动轮固定在传动轮系轴上,并刚性连接,可以带动传动轮系轴转动,同时由于转向轮固定在传动轮系轴的一端,并刚性连接,所以此时可使转向轮随之转动,实现转向轮放水孔与上放水孔、左放水孔或右放水孔的轮换对正,从而实现了向田间周期性地供水;此时主动轮在弹簧的作用下,能保证主动轮与从动轮之间很好的咬合。由于设置的虹吸管形成虹吸时的流量较大,所以虹吸时间很短,实现了转向轮的快速旋转,减少了转向轮放水孔换向的时间。

当计时水箱中的水位下降到一定位置时,虹吸管会自动停止虹吸,计时水箱中水位又会重新上升,当上升到一定高度时,在复位浮球浮力作用下,主动轮又会通过复位浮球拉绳牵拉转动,使主动轮复位。此时,虹吸管又会自动形成虹吸,计时水箱中水位会不断下降,在动力浮球重力作用下,主动轮又会通过动力浮球拉绳牵拉转动,使转向轮随之转动,使转向轮放水孔与上放水孔、左放水孔、右放水孔中的下一个对正,再通过下一个放水孔向田间供水。这样可通过计时水箱中水位的不断上升和下降过程,使三个放水孔之间周而复始地轮流向田间供水,完成向田间间歇供水的目的,实现间歇灌溉。

从某一个放水孔向田间供水,到再次供水之间的时间间隔为间歇灌溉的周期停水时间;从放水孔开始放水到转向下一个放水孔之间的时间间隔为间歇灌溉的周期灌水时间。周期停水时间、周期灌水时间是通过适当调整计时水箱供水管闸阀的开度,调整进入计时水箱的流量大小,控制计时水箱中水位升降速度及升降时间来调节控制的。

在分水水箱设置上放水孔、左放水孔、右放水孔通过管道与所控制的灌溉农田相连,并在每个放水孔与田间的管道上设置闸阀,可控制向田间供水的流量,满足灌水水量的需要。

在分水水箱上设置浮球阀，可保证分水水箱中水位上升到一定位置时，自动关闭，防止分水水箱中出现溢流现象，造成水量的浪费。

通过以上各闸阀开度的调节，即可实现对不同流量、不同周期灌溉时间、不同周期停水时间、不同循环率的间歇灌溉技术参数的调节，满足现实的需要。

（三）具体操作方法

（1）根据所需要的周期灌水时间和周期停水时间，调整计时水箱供水管闸阀4的开度，使进入计时水箱2的水流流量恒定，计时水箱2内的水位就会有规律地上下变动，确保周期灌水时间、周期停水时间、循环率等参数的稳定，实现高质量的间歇灌溉；同时，通过计时水箱供水管闸阀4的开度调整，可调整周期灌水时间和周期停水时间、循环率等参数的大小。

（2）灌溉流量大小，可通过与上放水孔20、左放水孔19、右放水孔17相连接的管道上的闸阀开度调整。

（3）如果在分水水箱15的箱壁上均匀开两个孔，可实现循环率为1/2的间歇灌溉；如果在分水水箱15的箱壁上均匀开三个孔，可实现循环率为1/3的间歇灌溉；如果在分水水箱15的箱壁上均匀开四个孔，可实现循环率为1/4的间歇灌溉，可根据实际需要灵活调整。

（4）该装置可循环利用，在一个地点灌溉完成后，可移到下一个灌溉地点使用，从而降低灌溉设备投资。

（四）装置的特点

该横轴式水力自控多向间歇灌溉装置的研制，很好地解决了在管道输水条件下实现自动间歇灌溉的难题，实现了用管道中的水作为动力的自动灌溉，具有节能、省力、灌水均匀、灌水质量高、节水效率高、装置投资省、使用方便等优点，为实现节水灌溉、节水农业打下了坚实的基础。

二、纵轴式水力自控多向间歇灌溉装置

纵轴式水力自控多向间歇灌溉装置是在横轴式水力自控多向间歇灌溉装置基础上进行改进研发而成的。纵轴式水力自控多向间歇灌溉装置也可在低压管道输水灌溉系统中使用，将给水栓和该装置相连，即能更好地实现大田自动波涌流地面节水灌溉，既不需要其他外动力，也没有对水质的限制，能方便地进行各间歇灌溉的技术参数调节，使用方便、灵活，节水、省工、省力、节能。

（一）装置构成

纵轴式水力自控多向间歇灌溉装置，如图3-14所示，由总供水管1、总供水管闸阀2、浮球阀3、计时水箱供水管4、计时水箱5、计时水箱供水管闸阀6、虹吸装置7、动力浮子8、转轮9、转向轴轴承10、转向轴11、拉绳12、转轮轴13、主动轮14、主动轮楔形挡块15、主动轮轴承16、从动轮楔形挡块17、从动轮18、传动轴上端支承19、传动轴轴承20、传动轴（纵轴）21、转向轮22、转向轮放水孔23、放水孔Ⅰ24、放水孔Ⅱ25、放水孔Ⅲ26、浮球阀浮球27、分水水箱28等部件构成。

分水水箱28、计时水箱5连接成一个整体（也可分开）；虹吸装置7固定在计时水箱5

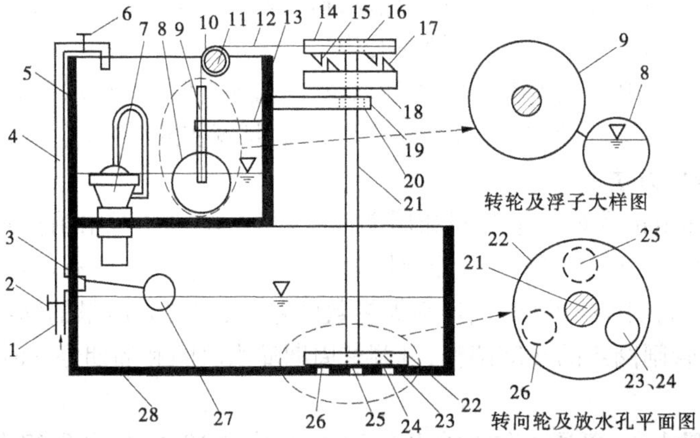

1—总供水管;2—总供水管闸阀;3—浮球阀;4—计时水箱供水管;5—计时水箱;
6—计时水箱供水管闸阀;7—虹吸装置;8—动力浮子;9—转轮;10—转向轴轴承;11—转向轴;
12—拉绳;13—转轮轴;14—主动轮;15—主动轮楔形挡块;16—主动轮轴承;17—从动轮楔形挡块;
18—从动轮;19—传动轴上端支承;20—传动轴轴承;21—传动轴(纵轴);22—转向轮;
23—转向轮放水孔;24—放水孔Ⅰ;25—放水孔Ⅱ;26—放水孔Ⅲ;27—浮球阀浮球;28—分水水箱

图 3-14　纵轴式水力自控多向间歇灌溉装置示意图

的底板上(虹吸形成后,计时水箱的水流入分水水箱内);计时水箱供水管 4 通过三通与总供水管 1 相连;浮球阀 3 固定在分水水箱 28 上部适当位置,并通过三通与总供水管 1 相连接;转向轴 11 两端固定在计时水箱 5 的箱壁上;转向轴轴承 10 固定在转向轴 11 上;转轮 9 安装在转轮轴 13 上,并在转轮轴 13 上可以自由转动;转轮轴 13 固定在计时水箱 5 的箱壁上;转轮 9 位于转向轴轴承 10 的下方;动力浮子 8 与转轮 9 刚性连接(动力浮子 8 中装有适量的水,当计时水箱 5 中水位下降时,利用动力浮子 8 内装有的水的重力作为动力,以牵动转轮 9 转动,从而带动主动轮 14 转动;或当计时水箱 5 中水位上升时,用动力浮子 8 受到的浮力作为动力,以带动转轮 9 转动,从而带动主动轮 14 转动);传动轴(纵轴)21 下端固定在分水水箱 28 的箱底凹槽中,并与分水水箱 28 的箱底面垂直,上端通过传动轴轴承 20 固定在传动轴上端支承 19 中,并使传动轴(纵轴)21 垂直于地面;传动轴上端支承 19 固定在计时水箱 5 的箱壁上;主动轮 14 通过主动轮轴承 16 固定在传动轴(纵轴)21 上端,主动轮可绕传动轴(纵轴)21 旋转,同时,主动轮 14 通过拉绳 12 与转轮 9 相连;拉绳 12 绕过转向轴轴承 10 连接主动轮 14 和转轮 9;从动轮 18 固定并刚性连接在传动轴(纵轴)21 的上部,从动轮 18 位于主动轮 14 的正下方,且可通过主动轮楔形挡块 15、从动轮楔形挡块 17 使从动轮 18 与主动轮 14 很好地咬合,以利于传动(主动轮 14 和从动轮 18 直径相等);在分水水箱 28 箱底的凹槽周围,在相互间隔 120°夹角的位置上设置有三个直径相等的放水孔,分别为放水孔Ⅰ24、放水孔Ⅱ25 和放水孔Ⅲ26;转向轮 22 覆盖在三个放水孔的上面,使转向轮 22 与分水水箱 28 的箱底紧紧接触,并在转向轮 22 与分水水箱箱底之间设置止水;转向轮 22 以传动轴(纵轴)21 为轴,在分水水箱 28 的箱底上做圆周转动,但不产生漏水;转向轮 22 上设置有转向轮放水孔 23,转向轮放水孔 23 的直径与放水孔Ⅰ24、放水孔Ⅱ25 和放水孔Ⅲ26 三个放水孔的直径相等。主动轮 14 和从动轮 18 之间,分别设有三个主动轮楔形挡块 15 和从动轮楔形挡块 17;主动轮楔形挡块 15 固定在主动轮 14 上,并在主动轮的同心圆上呈 120°分布;从动轮楔形挡块 17 固定在从动轮 18 上,并在从动轮的同心圆上呈 120°分布。依靠主动轮楔形挡块和从动轮楔形挡块之间的相互咬合,当主动轮转动时,从动轮也跟着主动轮转动,从而通过传动轴(纵轴)21 带动转向轮 22 转动,使转向轮放水孔 23 每转动 120°夹角,就会使转向轮放水孔 23 与放水孔Ⅰ24 或放水孔Ⅱ25 或放水孔Ⅲ26 对正,从而使水从分水箱中流出。周而复始,即实现各放水孔之间轮换供水,再将各放水孔中水流引向田间,即可实现间歇灌溉。

(二)工作原理及过程

本装置工作时,在管道输水条件下,可自动完成间歇灌溉。首先将装置固定好,当灌溉管道中有水流通过时,通过低压管灌系统中给水栓(或管道中任一位置的出水口)与该装置的总供水管 1 相连,水流通过计时水箱供水管 4 向计时水箱供水,同时也通过浮球阀 3 向分水水箱 28 供水(目的是当分水水箱 28 中水位上升到一定高度时,在浮球阀浮球 27 的作用下,会使浮球阀 3 自动关闭,防止分水水箱 28 中的水溢流,造成浪费;同时,可使分水水箱 28 中的水位基本保持不变,以使出水均匀),此时调整好转向轮放水孔 23 的位置,使其与放水孔Ⅰ24、放水孔Ⅱ25、放水孔Ⅲ26 中的某一个孔对正,当分水水箱中有水时,即可通过放水孔向田间供水。由于计时水箱供水管 4 一直向计时水箱 5 中供水,水箱中水位会不断上升,动力浮子 8 亦随着同步上升,当计时水箱 5 中水位上升到一定高度时,此时在动力浮子 8 的浮力作用下,主动轮 14 通过拉绳 12 牵拉转动,使主动轮复位。此时,虹吸装置 7 会自动形成虹吸,计时水箱 5 中水位会不断下降,动力浮子 8 亦随着下降,此时在动力浮子 8(里面装有一定重量的水)重力作用下,主动轮 14 通过拉绳 12 牵拉转动,再通过主动轮楔形挡块 15 和从动轮楔形挡块 17 之间的咬合作用,带动从动轮 18 转动,由于从动轮 18 固定在传动轴(纵轴)21 上,并刚性连接,可以带动传动轴(纵轴)21 转动。同时,由于转向轮 22 固定在传动轴(纵轴)21 的下端,并刚性连接,所以此时可使转向轮 22 随之转动,使转向轮放水孔 23 与放水孔Ⅰ24、放水孔Ⅱ25、放水孔Ⅲ26 中的下一个对正,再通过下一个放水孔向田间供水。这样,上一个放水孔停止供水,即完成了由周期供水时间向周期停水时间的转换;此过程中,主动轮 14 在重力的作用下,能保证主动轮与从动轮之间很好地咬合。由于设置的虹吸装置 7(可由市场中购买)形成虹吸时的流量较大,所以虹吸时间很短,可使转向轮 22 的转向轮放水孔 23 从三个放水孔(放水孔Ⅰ24、放水孔Ⅱ25、放水孔Ⅲ26)中的一个快速旋转到下一个,可使得三个放水孔(放水孔Ⅰ24、放水孔Ⅱ25、放水孔Ⅲ26)按设计的时间间隔轮流放水。

通过计时水箱 5 中水位的一个上升和下降过程,即完成了从放水孔Ⅰ24、放水孔Ⅱ25、放水孔Ⅲ26 的一个放水孔向另一个放水孔的转换。当计时水箱 5 中的水位下降到一定位置时,虹吸装置 7 会自动停止虹吸,计时水箱 5 中水位又会重新上升,当上升到一定高度时,在动力浮子 8 的浮力作用下,主动轮 14 又会通过拉绳 12 牵拉转动,使主动轮 14 复位。此时,虹吸装置 7 又会自动形成虹吸,计时水箱 5 中水位又会不断下降,在动力浮子 8 的重力作用下,主动轮 14 又会通过拉绳 12 牵拉转动,使转向轮 22 随之转动,使转向轮放水孔 23 与放水孔Ⅰ24、放水孔Ⅱ25、放水孔Ⅲ26 中的下一个对正,再通过下一个放水孔向田间供水。这样可通过计时水箱 5 中水位的不断上升和下降过程,使三个放水孔之间周而复始地轮流向田间供水,完成向田间间歇供水的目的,实现了间歇灌溉。

从放水孔开始放水到转向下一个放水孔之间的时间间隔为间歇灌溉的周期灌水时间;从某一个放水孔向田间供水,到再次供水之间的时间间隔为间歇灌溉的周期停水时间。周期灌水时间、周期停水时间是通过适当调整计时水箱供水管闸阀 6 的开度,调整进入计时水箱 5 的流量大小,控制计时水箱 5 中水位上升速度,控制转向轮 22 的旋转时间,以控制再次向放水孔中供水的时间,从而可控制间歇灌溉的周期停水时间和周期灌水时间。

在分水水箱 28 上设置的转向轮放水孔 23 与放水孔Ⅰ24、放水孔Ⅱ25、放水孔Ⅲ26 通过管道与所控制的灌溉农田连接,并在连接管道上设置闸阀,可控制向田间供水的流量,满足灌水水量的需要。

在分水水箱 28 上设置了浮球阀 3,可保证分水水箱 28 中水位上升到一定位置时,浮球阀 3 自动关闭,防止分水水箱 28 中出现溢流现象,造成水量的浪费。

通过以上各闸阀开度的调节,即可实现对不同流量、不同周期灌溉时间、不同周期停水时间、不同循环率的间歇灌溉技术参数的调节,满足现实的需要。

(三)具体操作方法

(1)根据所需要的周期灌水时间和周期停水时间,调整计时水箱供水管闸阀 6 的开度,使进入计时水箱 5 的水流流量恒定,计时水箱 5 内的水位有规律地上下变动,确保周期灌水时间、周期停水时间、循环率等参数的稳定,实现高质量的间歇灌溉;同时,通过计时水箱供水管闸阀 6 的开度调整,可调整周期灌水时间和周期停水时间、循环率等参数的大小。

(2)灌溉流量大小,可通过与放水孔Ⅰ24、放水孔Ⅱ25、放水孔Ⅲ26 相连接的管道上的闸阀开度调整。

(3)如果在分水水箱 28 的箱壁上均匀开两个孔,可实现循环率为 1/2 的间歇灌溉;如果在分水水箱 28 的箱壁上均匀开三个孔,可实现循环率为 1/3 的间歇灌溉;如果在分水水箱 28 的箱壁上均匀开四个孔,可实现循环率为 1/4 的间歇灌溉,可根据实际需要灵活调整。

(四)装置特点

该纵轴式水力自控多向间歇灌溉装置的研制,很好地解决了在管道输水条件下实现田间自动间歇灌溉的难题,实现了用管道中的水作为动力的自动灌溉,具有节能、省力、灌水均匀、灌水质量高、节水效率高、装置投资省、使用方便等优点,解决了“小白龙”灌溉操作不方便的难题,大大减轻了劳动强度,为实现节水灌溉、节水农业打下了坚实的基础。

第四章 田间管道均匀回退灌溉理论与技术

众所周知，农业用水占全球总用水量的85%，农业也一直是我国的用水大户，其用水量占我国用水总量的70%，而农业用水的90%是灌溉用水。由于供水不足，加之工业和城市用水需求的不断增加，农业用水缺乏已经成为我国农业发展的重要限制因素，特别是北方地区更加突出，加之我国有97%以上的灌区仍采用地面灌溉方式，水量损失严重，以水资源稀缺的华北为例，目前普通渠灌区利用系数0.3～0.4，井灌区利用系数0.5～0.6，灌溉水利用系数平均达不到0.5，致使农业灌溉用水量占全国总用水量的70%以上，更加剧了水资源紧缺现状。我国农业用水面临的不仅是水资源总量的危机，水资源浪费现象也非常严重，主要表现在：农田总供水利用率低；自然降水利用率低，仅达到0.56；灌溉水利用系数低，平均仅为0.4～0.5；农业用水的效率不高，其中农田灌溉水的利用效率仅有0.85 kg/m^3左右，旱地旱作农田水分生产效率仅为0.6～0.75 kg/m^3，远低于发达国家的2.0 kg/m^3的水平，而像农业节水发展比较完善的国家以色列已经达到了2.3 kg/m^3。由于农作物水分生产效率低，不但增加了农业生产成本，造成资源的浪费，还不断激化稀缺资源的供需矛盾。据权威部门预测，在不增加现有农田灌溉用水的情况下，2030年全国缺水高达1 300亿～2 600亿 m^3。由此可见，水资源紧缺不但直接关系到由农业生产能力所引起的国家粮食安全问题，也将成为制约我国国民经济可持续发展的“瓶颈”因素。

水资源的不足将成为影响我国农业可持续发展的主要因素之一。因此，开展节水灌溉研究，对缓解水资源不足，保证农业持续增产具有十分重要的意义。节水农业是一个系统的整体工程，以提高农业灌溉水利用率和天然降水利用率为核心，包括至少三个环节：一是通过渠系或者管道等措施将水分运输到田间；二是将运输到田间的水分尽可能平均地分配到田间，并转化成可供作物利用的土壤水分；三是土壤水分被作物吸收利用，以进行复杂的生理活动，最终形成产量。前两个环节主要与灌溉工程及灌溉制度有关，例如灌溉水输送方式、灌溉方法以及作物生育期的灌水次数和灌溉水量等，这两个环节的节水主要是提高了水资源的利用率，减少水资源的无效损耗，属于资源型节水；最末环节的节水是为了降低作物的耗水系数，节约多余的水分消耗，提高水资源的利用效率和利用效益，是效益型节水，提高作物的水分利用效率是农业节水中潜力最大的环节，也是问题最多的中心环节，提高作物的水分利用效率已成为目前研究作物与水分关系的热点。目前农业节水主要涉及以下几个方面：一是农艺节水技术，包括作物的雨中栽培、土壤肥料、病虫害防治、农机具的应用、农田灌溉和排水等。二是生物节水技术，作物对干旱的适应能力不仅与环境的干旱强度、干旱持续时间有关，且作物的抗旱能力也受自身基因的控制，因此生物节水的首要任务是作物抗旱品种的选育。在作物水分生理调控机制与作物高效用水技术研究方面，研究开发诸如调亏灌溉（RDI）、分根区交替灌溉（ARDI）和部分根干燥（PRD）等作物生理节水技术，可明显地提高作物的水分利用效率。一些研究者则通过选育和推广一些抗旱品种、培肥改土以肥调水、地膜覆盖或采取其他农艺措施以应对水资源短缺压力。三是工程节水技术,是农业节水灌溉的核心内容,主要包括农田引水灌溉过程的渠系规划、渠道建设与防渗、农田建设、低压管道输水、田间灌溉工程、旱地集雨灌溉工程等。而节水灌溉是根据作物需水规律及当地供水条件,通过有效提高降水和灌溉水利用效率,获取最佳效益的多种措施的总称。目前许多人致力于研究工程节水技术,比如采用浆砌石、塑料薄膜、混凝土和土工膜等作为防渗材料,相比较土渠,这些防渗材料可以减少至少60%以上的渗漏损失,同时还有一些节水措施,如低压管道输水、地表滴灌、喷灌、渗灌等。四是管理节水技术,管理即过程控制,就是通过配置和使用资源,转化并形成新的生产力。而高效优质的管理不但能有效减少生产力系统的内部摩擦和物质能量消耗,还能创造出更高的使用效率。因此,管理也是实现农业节水的关键要素。这些研究在现今的水资源危机下确实提高了作物的产量。

为此,提出了一种新的灌溉技术——田间管道均匀移动灌溉,它是利用管道在沿着灌水沟畦均匀移动的同时,通过管道末端出口进行灌溉的一种技术。传统灌溉追求的是作物根系层充分湿润,而田间管道均匀移动灌溉可以实现充分灌溉,也可以根据不同生育期实现非充分灌溉、调亏灌溉,能适应目前的多种灌溉技术要求。非充分灌溉、调亏灌溉使作物根系经受一定程度的干旱锻炼,激发作物根系的吸收补偿功能,根系能感知土壤干旱,产生并输出一种根源信号,减小气孔开度,蒸腾作用大幅度下降,许多作物在一定生育阶段经受适度水分亏缺,对节水和增产都有利,提高了土壤储水效率及根系对水分的利用率,以不牺牲作物的光合产物积累为前提而达到节水高产目的,非常适合广大灌区经济、技术条件。

田间管道均匀移动灌溉是一种新型节水灌溉方法,改进了的地面节水灌溉技术,是利用管道在沿着灌水沟均匀移动的同时,通过管道末端出口进行灌溉的一种技术,通过调节管道在田间的移动速度,调整灌水时间,控制灌溉流量,使各点受水量相等,以需定供,提高灌水精准度。田间管道均匀移动灌溉技术能准确地控制各灌溉参数,适时适量地完成灌溉,提高灌溉均匀度及节水率,提高作物产量及品质,可实现自动灌溉,便于管理,为实现严格的水资源管理、实现高效高产农业奠定基础。

该灌溉方式具有广泛的发展前景,对缓解我国北方水资源紧缺现状,提高灌溉质量,提高灌溉技术水平,推动节水农业发展,实现国民经济建设快速稳定发展具有重要的现实意义,有广阔的发展前景。

近年来,随着进一步调整农业结构,蔬菜等高耗水经济作物的种植比例逐渐增大;同时,随着城市化和工业化进程的加快、人口数量的急剧增加,对粮食的需求也进一步增长。因此,提高作物的水分利用效率、缓解农业生产中水资源短缺对于农业生产十分重要。

第一节　田间管道均匀移动灌溉对夏玉米土壤水分变化及水分利用效率的影响

夏玉米是重要的粮食、饲料和工业原料作物,是我国主要粮食作物之一,也是需水较多的作物,播种面积居各作物第一位,其不仅用途广,而且增产潜力大,在粮食生产中的地位越来越突出。因此,实现其高产对于保障我国粮食安全和国民经济发展有着十分重要的意义。华北平原是中国最大的玉米产区,播种面积占全国总面积的40%,总产量占全国的50%以上。该区夏玉米生育期间往往时逢雨季,正常年份基本不用灌溉,但华北地区又是全国缺水最严重的地区,年均降水量只有600 mm左右,受大陆性季风气候影响,降水年际变化大,年内分布不均,降雨集中,降雨强度大,因此常常造成旱中有涝,涝中有旱,旱涝交替,此旱彼涝的季节性和区域性旱涝现象发生。加上近些年来,全球气候条件的变化,降雨量时空分布不均和降水与作物需水耦合在时间上存在差异以及农作物的复种等,水资源实际利用率不到50%,夏玉米生育期间经常受到干旱胁迫,严重影响了夏玉米高产的实现,因此进行合理的排灌是该区玉米高产的重要措施。

水分利用效率是评价作物生长适宜程度的综合生理生态指标,它反映了植物耗水与其干物质生产之间的关系,是个广义的农艺学概念,包括了在缺水条件下的抗旱、耐旱性和对有限土壤水分的高效利用能力,在中度水分胁迫时的节约用水和高效利用,以及在充足水分条件下对水分的高效利用和最大生产潜力。它包括灌溉水利用效率、降水利用效率和作物水分利用效率等三个方面。其中,作物水分利用效率又分为三个尺度,即叶片水平上、群体水平上以及产量水平上。虽然在节水灌溉工程技术和干旱半干旱地区的降水利用效率等方面已经做了很多研究并取得了较为理想的成果,但是对于作物水分利用效率的研究仍然比较欠缺,这是因为作物对土壤水分的消耗是一个非常复杂的过程,它所消耗的农田蒸散量包括夏玉米整个生育期的降雨量、灌溉水量,夏玉米从播种到收获期间的土体贮水量的变化以及可能存在的深层渗漏。因此,目前农业节水中最大的挑战就是如何提高作物水分利用效率。作物水分利用效率作为建立在作物与水分关系内在的一个综合指标,是夏玉米节水灌溉基础研究的中心问题,是节水农业研究的最终目标,如何在缺水条件下获得高水平的水分利用效率是我国农业得以持续稳定发展的关键所在。因此,面对水资源日益紧张的严峻形势,如何用有限的水资源,开展农业用水有效性的研究,怎样提高夏玉米的水分利用效率已成为节水农业的焦点问题。张正斌提出,提高水分利用效率是未来农业研究的关键,但是在节水的同时,产量如何得到同步提高是一个亟待解决的问题。

因此,本试验在前人研究的基础上,通过进行管道均匀移动灌溉与沟灌和"小白龙"灌溉的对比试验,研究了该灌水条件下夏玉米农田土壤水分动态变化、夏玉米生理特性、水分利用效率和农田产量及其形成机制较二者的差异,以期为本地区节水农业的发展提供一定的支持和依据。旨在明确管道均匀移动灌溉对夏玉米土壤水分变化以及水分利用效率和产量形成的影响,以期为我国华北地区高效节水种植模式的发展提供理论依据和技术支持。

为了应对水资源危机,更好地研究本地区的高效农业节水模式,研究了一种新的节水灌溉方法即管道均匀移动灌溉对夏玉米土壤水分变化及水分利用效率的影响,通过调节管道在田间的移动速度,调整灌水时间,控制灌溉流量,以需定供,提高灌水精准度。试验于2013年在山东农业大学农学实验站完成,设四种灌水处理方式:无灌水处理(W0)、传统沟灌(W1)、"小白龙"灌溉(W2)以及管道均匀移动灌溉(W3)。研究了管道均匀移动灌溉较其他三种处理对土壤水分动态变化、农田蒸散量、夏玉米生长状况、叶面积指数、光合特性、干物质积累量、农田产量以及不同水平上的水分利用效率的影响。研究结果表明：

(1)对土壤水分动态变化及农田蒸散量的影响：W3 处理的土体贮水量较高，灌水均匀度最好。由于灌水精度比较高，管道末端出水量一定，相比较其他两种灌水方法更能保证土体各个层次贮水量的稳定。管道均匀移动灌溉使 0 ~ 60 cm 土层内的土体贮水量和含水率空间上更加均匀，避免了由于灌水不均匀导致的夏玉米根系局部缺水从而影响其生长发育的现象和局部灌水过多导致的深层渗漏现象的发生，不仅有利于夏玉米生育后期深层根系的生长发育，而且减少地面径流、蒸发以及地下水渗漏，有效提高水分利用效率，满足作物根系的需水要求。因此，W3 处理土壤含水率均匀性最高，优势比较明显，保水保墒效果比较好。由于减少了灌溉水的无效棵间蒸发，因而在相同灌水定额的情况下的农田蒸散量较低。

(2)对夏玉米生长发育、产量及形成机制的影响：各处理的夏玉米叶面积指数均随着生育时期发展呈现出先上升后下降的单峰曲线，即拔节后叶面积指数迅速增加，到开花期达到最大，然后呈逐渐下降趋势。不同灌水处理下 W3 处理的叶面积指数最大，最大叶面积指数分别比无灌水处理、传统沟灌、“小白龙”灌溉高 35.5%、13.5%、10.5%。W3 处理下夏玉米成熟期株高相比较 W0、W1、W2 分别增加了 5%、1.8%、1.3%；在灌水定额相同的情况下，可以看出夏玉米光合作用 W3 处理略高于 W2 处理，尤其在 11:00 ~ 12:00 时最为明显，W3 处理的蒸腾速率略低于 W2 处理。夏玉米叶片蒸腾速率随着水分控制下限的降低而下降，水分控制下限合理时，管道均匀移动灌溉可以使蒸腾速率下降，明显减少了叶片奢侈蒸腾，因而能够提高叶片的水分利用效率，从而为作物的高产打下了基础。管道均匀移动灌溉充分保证了夏玉米对水分的需求，保证了光合作用的顺利进行，同时避免了奢侈蒸腾损失，使得在灌浆期干物质积累 W3 相比较 W0、W1 和 W2 分别提高 23.07%、3.23%、3.90%；成熟期干物质积累 W3 相比较 W0、W1 和 W2 分别提高 13.33%、3.03%、4.29%。管道均匀移动灌溉增加了夏玉米成熟期的籽粒部分干物质积累量，有利于夏玉米总产量的增产。统计分析结果表明：W3 处理下玉米产量为 9 758.70 kg/hm^2，比 W2 处理高 6%，比 W1 处理高 11.4%，比 W0 高 22.1%。

(3)对水分利用效率的影响：管道均匀移动灌溉相比较其他两种灌水方法，在不同程度上都提高了叶片水平上、群体水平上和产量水平上的水分利用效率。其中，W3 处理的叶片水分利用效率最高(12.3)，相比较 W0(9.01)、W1(11.25)和 W2(11.08)分别提高了 36.52%、9.33% 和 11.01%；群体水平水分利用效率依次是 W3 处理分别比 W0、W1 和 W2 高 2.13%、8.42% 和 5.89%；产量水平水分利用效率 W3 较 W0 提高 10.5%，较 W1 提高 16.8%，较 W2 提高 7.5%，该趋势与产量变化趋势一致。灌溉水利用效率 W3 > W2 > W1，W3 较 W1 提高 39.2%，较 W2 提高 6%。从作物水分利用效率和灌溉水利用效率来看，都说明管道均匀移动灌溉较传统沟灌以及普遍应用的“小白龙”灌溉能有效提高夏玉米的水分利用效率和灌溉水利用效率，节水效果比较明显。

综上所述，管道均匀移动灌溉试验表明，管道均匀移动灌溉是实现夏玉米高产、节水的有效手段之一，并能显著提高水分利用效率。在水资源匮乏的华北平原是一种值得推广的节水灌溉技术。

一、管道输水灌溉技术及作物水分利用效率

管道输水灌溉技术已成为世界上农业节水灌溉的一项关键技术。研究表明,传统灌溉单方水粮食生产能力为1.2 kg/m^3,而管道灌溉为2.4 kg/m^3。在美国,管道灌溉被认为是节水最有效、投资最省的一种灌水技术,美国近一半大型灌区都实现了管道化灌溉。以色列的输水管道工程堪称国际一流,除个别偏远山区外,全部实现了输水管道化,避免了水在输水过程中因蒸发和渗漏引起的损失,提高了引水、输水和灌水的自动化水平。在旧灌区改造中发展管道输水技术也受到了一些国家的重视,这是因为管道输水技术能大幅提高灌溉水利用率。如澳大利亚的伦马克灌区,改建地下管道后节约灌溉用水达33%;加拿大伯塔灌区,灌溉效率由改造前的35%~60%提高到75%。

我国从20世纪50年代开始管道输水灌溉技术的开发应用,现在也有了一定程度的发展。随着水资源供需矛盾的日益加剧和农村经济的快速发展,管道输水灌溉技术在我国曾被列入重点科技攻关项目。研究结果表明,管灌比土渠灌溉可节水45%左右,比混凝土板衬砌渠道节水7%,比砌石防渗渠道节水15%左右。随着信息技术的发展,已研制出了基于计算机自动控制系统的管灌技术。同时,平原井灌区、渠灌区和提水灌区的管灌技术也得到了较为广泛的应用,之后以井灌区为重点的管灌技术得到较迅速地推广和应用。在缺水地区,农民采用管道输水到地头、田间用“小白龙”灌溉方式,减少了输水损失,但灌水均匀度差、对畦田土壤冲刷严重,吕宁江等将软管按大于畦宽25 cm的长度分段,灌溉时从末端逐段后退灌水,从而实现逐个畦田放水灌溉,使灌水均匀度、灌溉水利用系数得到了有效提高。

管灌系统投资省,节水效率高,经过多年的发展,管道灌溉方式具有较好的群众基础,是目前我国北方地区最适宜的灌溉方式,为缓解我国缺水地区农业用水矛盾、实现广大灌区农业可持续发展发挥着十分重要的作用。

但是,该技术经过多年的推广应用,仍存在着不少问题:

(1)大部分管灌技术大都集中在管道输水上,它只解决了从水源到给水栓之间的输水损失问题。给水栓或出水口到田垄大都还是地面输水,土渠输水至畦田,畦田内实施地面漫灌,灌水精度低,水量损耗较大,田间水利用效率低。

(2)为了节水,有些地方采用“小白龙”灌溉技术,但“小白龙”尾端射流后田间仍然采用传统畦灌、沟灌方式,太过粗糙,田间灌水技术缺乏,没有一定的标准,而且田间土渠放水的水量无法准确控制,容易造成畦田内的土壤冲刷和灌水不均匀问题。

(3)给水栓或出水口向输水垄沟分配水量的配水装置,特别是向田间灌水的装置非常缺乏,更没有自动灌溉设备,技术含量低,不仅劳动强度大、操作不方便,而且直接影响了灌水质量,影响管道输水灌溉技术的发展速度和节水效益。

因此,研究田间管道均匀移动灌溉技术,进行该技术参数与田间耗水特性、作物水分利用规律等研究,建立田间管道均匀移动灌溉理论体系,进一步提高田间灌水均匀度,提高灌溉水利用系数,节约水资源,缓解我国水资源紧缺现状,是一项目前急需开展的工作,对完善、提高管道灌溉技术有很大的现实意义。

国内外对于作物水分利用效率的研究已经比较深入并取得了一系列的重大突破与成

果。但是,由于水分利用效率概念的层次性和研究角度的不同,使得水分利用效率的具体内涵不是十分清晰。因此,在不同学科进行描述的时候要加以具体的阐述,避免理解产生的误差。本研究针对目前的研究现状,着重研究夏玉米在几种不同灌溉条件下的耗水特性、水分利用效率和产量形成机制,探讨管道均匀移动灌溉对夏玉米的产量形成机制和耗水特性机理。

随着经济的发展,水资源危机越来越成为威胁我国粮食安全的障碍,同时也制约着我国农业的可持续发展。传统的农业灌水方法已不能适应当今水资源紧缺的形势,对于水资源总量不足且降雨分布不均的我国农业生产来说,如何采用一种合理的节水灌溉方法,充分和合理地利用水资源以满足粮食生产的需要成为亟待解决的问题。本书提出了一种新的节水灌溉思路,即管道均匀移动灌溉,并研究该灌水方法与传统沟灌和"小白龙"灌溉的对比试验,研究了该灌水条件下夏玉米农田土壤水分动态变化、夏玉米生理特性、水分利用效率和农田产量较二者的差异,以期为节水农业的发展提供一定的支持和依据。

二、管道均匀移动灌溉研究内容及特点

(一)研究内容

1. 研究管道均匀移动灌溉对夏玉米农田水分状况及农田蒸散量的影响

研究不同灌水处理条件下,夏玉米关键生育期不同土层的土壤水分含量、不同生育期的阶段耗水量,研究不同层次土壤含水率的时间和空间变化差异性,探索土壤水的时空消耗,分析几种不同灌水处理条件下土壤水分的分布状况。

(1)研究不同灌水处理条件下,夏玉米不同层次土体贮水量随时间的动态变化。

(2)研究不同灌水处理条件下,夏玉米不同层次土壤含水率在空间上的变化。

(3)研究不同灌水处理对夏玉米农田蒸散量的影响。

2. 研究管道均匀移动灌溉对夏玉米生理特性、产量及形成机制的影响

(1)管道均匀移动灌溉对夏玉米叶面积指数的影响。

(2)管道均匀移动灌溉对夏玉米干物质积累的影响。

(3)管道均匀移动灌溉对夏玉米成熟期干物质分配情况的影响。

(4)成熟期形态指标:研究管道均匀移动灌溉对夏玉米成熟期的株高、茎粗、地面茎节数、穗位高的影响。

(5)光合速率及其日变化。

(6)蒸腾速率及其日变化。

(7)产量及构成因素。

3. 水分利用效率

水分利用效率包括叶片水分利用效率(叶片净光合速率和蒸腾速率的比值)、群体水平上的水分利用效率(阶段干物质积累与水分消耗的比值)和产量水平上的水分利用效率(净生产量或经济产量与耗水量的比值)、灌溉水利用效率(净生产量或经济产量与灌溉水量的比值)。

(二)特点

本书设4种灌水处理,分别为无灌水处理、传统沟灌、"小白龙"灌溉和管道均匀移动

灌溉。从三个方面即夏玉米土壤水分状况、产量及形成机制以及水分利用效率分析讨论管道均匀移动灌溉相比较其他两种灌水方法对夏玉米生长发育以及最终产量形成和水分利用效率的影响。

（1）本书提出了一种新型节水灌溉方法即管道均匀移动灌溉，利用管道在沿着灌水沟畦均匀移动的同时，通过管道末端出口进行灌溉，可以需定供，提高灌水精准度和灌溉均匀度。

（2）本书通过进行该灌水方法在某一参数下与传统沟灌和“小白龙”灌溉的对比试验，研究了该灌水条件下夏玉米农田土壤水分动态变化、夏玉米生理特性、水分利用效率和农田产量较二者的差异，对于节水农业的发展有一定的意义。

三、大田试验

（一）试验地点概况

本试验于 2013 年在山东农业大学农学实验站（36°10′19″N，117°9′03″E）进行。试验地区属温带大陆性半湿润季风气候，多年平均降水量 697 mm，夏季平均降雨量 453.7 mm，占全年降水量的 65.1%，正常年份不用灌溉，但近年来随着全球气候条件的变化，降雨量在时间上和空间上的不均匀分布、降雨与作物需水时期在时间上的差异等，使得水资源实际利用率不到 50%，夏玉米生育期间经常受到干旱胁迫，严重影响了夏玉米高产的实现，故仍需适当灌溉。2013 年夏玉米生育期降水量分布如表 4-1 所示。本试验为大田试验，0～20 cm 土层的碱解氮、速效钾和速效磷含量分别为 108.1 mg/kg、92.4 mg/kg、16.2 mg/kg。

表 4-1　2013 年夏玉米生育期降雨量

月份	6	7	8	9	总量
降雨量（mm）	6.0	376.0	55.0	4.5	441.5

（二）相关计算

1. 灌水定额确定

玉米在各个生育时期均要求土壤有一个适宜的含水率，各生育期的灌水量应根据该时期土壤计划湿润层深度和灌溉前土壤水分状况来确定。

水量平衡方程：

$$W_t - W_0 = W_r + P_0 + K + M + ET \tag{4-1}$$

玉米某需水期灌水定额（m^3/亩）：

$$m = W_{max} - W_{min} = 667nH(\theta_{max} - \theta_{min}) \tag{4-2}$$

式中　H——该时段内计划湿润层深度，m；

n——计划湿润层内土壤孔隙率（以占土壤体积的百分比计）；

θ_{max}、θ_{min}——该时段内允许的土壤最大含水率和最小含水率（以占土壤孔隙体积的百分比计）。

2. 管道均匀移动速度计算

首部设计压力计算：

$$H = H_0 + \sum h_f + \sum h_j + \Delta \tag{4-3}$$

式中　H_0——灌水器工作水头,m 水柱;

$\sum h_f$——首部到典型点之间管路沿程水头损失之和,m;

$\sum h_j$——首部到典型点之间管路局部水头损失之和,m;

Δ——典型管道进口与水源设计水位之间的高差,m。

移动管道管径与流速关系:

$$d = \sqrt{\frac{4Q}{\pi v}} \tag{4-4}$$

式中　d——管径,m;

v——管道内水的流速,取 0.5 ~ 1.2 m/s;

Q——移动管道末端出水流量,m^3/s。

由式(4-4)及允许流速范围,可得对应不同流量的适宜管径范围,结果见表 4-2。

表 4-2　不同流量范围对应的管径范围

$Q(m^3/s)$	<0.01	0.01 ~ 0.02	0.02 ~ 0.03	0.03 ~ 0.04	0.04 ~ 0.05
d(m)	0.1 ~ 0.16	0.15 ~ 0.23	0.18 ~ 0.28	0.21 ~ 0.32	0.23 ~ 0.36

管道均匀移动速度计算:

$$m = \frac{667Qt}{A},\quad t = \frac{L}{v_0},\quad A = BL$$

则

$$v_0 = \frac{667Q}{Bm} \tag{4-5}$$

式中　Q——移动管道末端出水流量,m^3/s;

t——每沟灌水时间,s;

v_0——管道移动速度,m/s;

A——每沟控制面积,m^2;

B——行距,m;

L——灌水沟长,m;

m——玉米某需水期灌水定额,m^3/亩。

流量与管道移动速度关系见图 4-1。

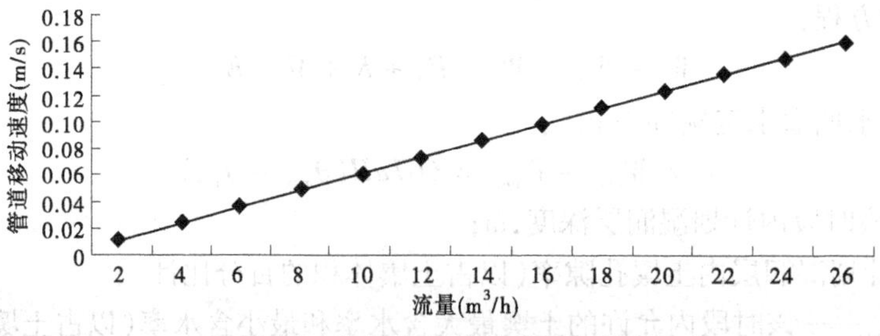

图 4-1　流量与管道移动速度关系

已知玉米灌水定额 $m = 50\ m^3$/亩。控制移动管道末端出水流量为 $Q = 10\ m^3/h$,则可得管道均匀移动速度 $v = 0.06$ m/s。

（三）试验设计

试验设 W0、W1、W2 和 W3 共 4 种处理，分别为无灌水处理、传统沟灌、“小白龙”灌溉和管道均匀移动灌溉。W0：无灌水处理；W1：灌水时间及灌水量以水流推进到沟尾为依据确定；W2：先远后近，田间灌水过程中采用分段法，每段 22 m，灌水定额使用如上方法确定，为 50 m^3/亩；W3：使用改装后的软管卷盘式灌溉机，通过调节卷盘上的转速调节装置，控制管道自动移动速度为 0.06 m/s。灌水定额 50 m^3/亩，流量 10 m^3/h。用水表严格控制灌水量。每个处理设 3 次重复，共计 12 个小区，各小区之间随机排列，每个小区长 88 m、宽 3 m，面积 264 m^2。各处理间留隔离带，以减少小区间水分的相互影响（见图 4-2、图 4-3）。所用夏玉米品种为鲁单 981，于 2013 年 6 月 19 日进行机械条播，畦田长度 88 m。播种前对种子精选，种植密度为 3 000 株/亩，行距 60 cm、株距 30 cm。每个处理从整地、播种、施肥、施药、田间管理到考种均统一实施。

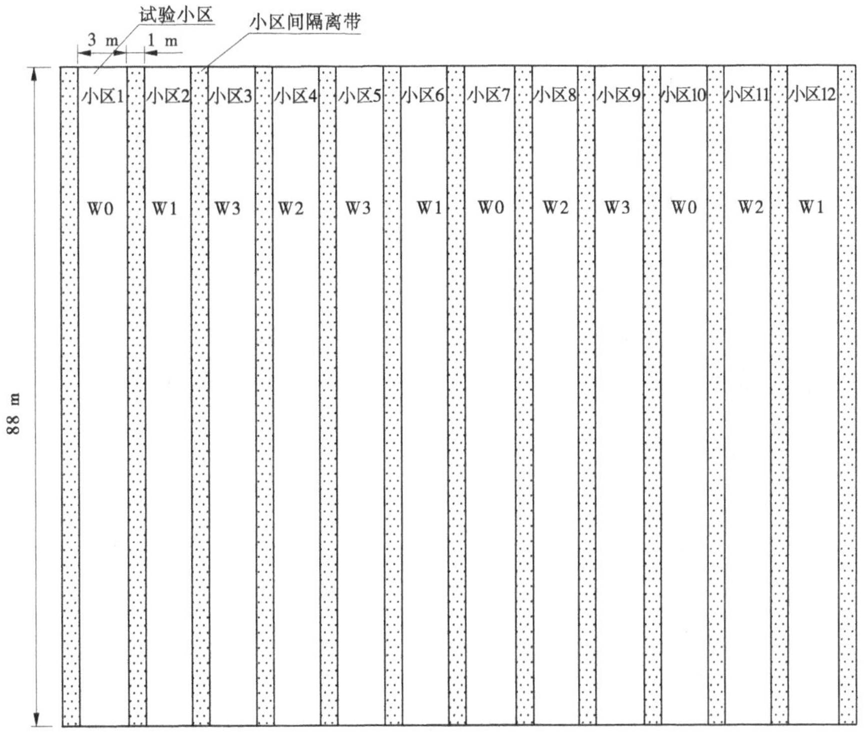

图 4-2　试验小区分布示意图

具体灌水量如表 4-3 所示。

（四）测定项目与方法

1. 试验期间气象数据及相关基本资料

试验期间气象数据及相关基本资料主要包括试验期间的降水量、空气温度、空气湿度、风速、太阳总辐射量和潜在蒸散量等，由实验站内的自动气象观测系统提供。试验区土壤计划湿润层深度、土壤适宜含水率及最大、最小含水率等，灌溉水量在沟灌时以水流推进到沟尾为依据，通过水泵抽水，用水表确定。

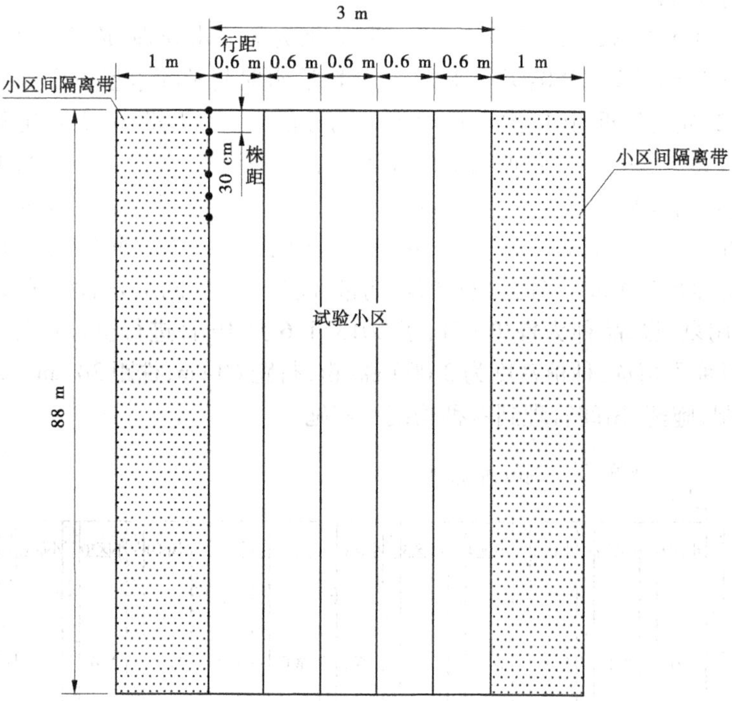

图 4-3　单个试验小区示意图

表 4-3　2013 年夏玉米整个生育期的灌水量

处理	灌水总量(mm)
不灌水（W0）	0
传统沟灌（W1）	94.70
“小白龙”灌溉（W2）	75.76
管道均匀移动灌溉(W3)	75.76

2. 土壤含水率

采用目前国际上的标准方法即烘干称重法测定，烘干法也是唯一可以直接测量土壤水分的方法。在夏玉米整个生育期间，每隔 10 d，用土钻取土测定 1 次。取样时，每区用土钻取 1 m 土样，层次为 0 ~ 10 cm、10 ~ 20 cm、20 ~ 40 cm、40 ~ 60 cm、60 ~ 80 cm、80 ~ 100 cm。用 0.1 g 感量的天平称取土样的重量，记作土样的湿重 M，在 105 ℃的烘箱内将土样烘 6 ~ 8 h 至恒重，然后测定烘干土样，记作土样的干重 M_s，根据公式：

$$\theta = \frac{M - M_s}{M_s} \times 100\% \tag{4-6}$$

可计算出土样含水率。同时，播种前、收获后、每次降雨以及灌水前后都要加测 1 次。依据相邻两次土壤水分变化测定结果计算该时段内的作物腾发量。

3. 表层土壤含水率分布均匀性

具体测量方式是灌溉结束后，每个区选择 20 个点，连续 5 d 测量其各个点的水分含量，应用均匀性公式得到含水率分布均匀性(杜文勇等，2011)：

$$E_{EU} = \frac{q_n}{q_{av}} \times 100\% \tag{4-7}$$

式中　E_{EU}——含水率分布均匀系数(%)；

q_n——占取样点25%的含水率最小点的含水率(%)；

q_{av}——所有点的平均含水率(%)。

4. 土体贮水量计算

土体贮水量计算公式为

$$\Delta S = \sum (\Delta\theta_i Z_i) \tag{4-8}$$

式中　$\Delta\theta_i$——土壤某一层次的体积含水率变化；

Z_i——第 i 层次的土壤厚度，mm；

i——土壤层次。

5. 土壤容重测定

土壤容重是指单位容积原状土壤干土的质量，通常以 g/cm^3 表示，土壤容重大小反映土壤结构、透气性、透水性以及保水能力的高低，在玉米播种之前和收获之后用环刀取样分别测定 0～20 cm、20～40 cm、40～60 cm、60～80 cm、80～100 cm 土层的容重。

环刀法具体步骤如下：

(1)仪器。环刀(容积为100 cm^3)、天平(感量0.1 g和0.01 g)、烘箱、环刀托、削小刀、小铁铲、铝盒、钢丝锯、干燥器等。

(2)操作步骤。在试验田选择合适的位置挖掘土壤剖面，注意使观察面向阳。挖掘的深度一般为1 m。先用修土刀修平土壤剖面，记录其形态特征并按剖面层次分层采样，每层至少3个重复。将环刀托放在重量已知的环刀上，环刀内壁涂少量凡士林，将环刀刃口向下垂直压入土中，直至环刀筒中充满样品。若土层坚实，可用手锄慢慢敲打，压环刀时要平稳，用力一致。用修土刀切开环刀周围的土，取出已装上的环刀，细心削去环刀两端多余的土，并擦净外面的土。同时在同层采样处用铝盒采样，测定自然含水率。将装有样品的环刀两端立即加盖，避免水分蒸发，随即称重(精确到0.01 g)并记录，将装有样品的铝盒烘干称重(精确到0.01 g)，测定土壤含水率。

(3)结果计算。环刀容积按下式计算：

$$V = \pi r^2 h \tag{4-9}$$

式中　V——环刀容积，cm^3；

r——环刀内径，cm；

h——环刀高度，cm；

π——圆周率，取3.141 6。

土壤容重按下式计算：

$$r_s = \frac{G \times 100}{V} \times (100 + W) \tag{4-10}$$

式中　r_s——土壤容重，g/cm^3；

G——环刀内湿样重，g；

V——环刀容积，cm^3；

W——样品含水率(%)。

该方法允许平行绝对误差<0.03 g/cm³,取算术平均值。

6.作物生育期及作物生长状况

观察并记录各处理夏玉米各生育期阶段的起止时间、各生育阶段的生长特征、生理变化和形态等。在玉米进入三叶期后开始观察并测量玉米的形态指标,包括株高、基部茎粗、黄叶数和叶面积等,每隔10 d测定一次,直至玉米成熟。其中叶面积指数测定时,在苗期时取连续20株有代表性的植株进行标记,直接采用量测法测定,主要在拔节期、开花期、灌浆期测量,每10 d测量一次。叶面积按下式计算:

$$叶面积 = 叶长 \times 叶宽 \times 0.78$$

其中,叶长是指从叶片基部到顶端,叶宽是叶片最宽处的宽度,取其平均数作为计算叶面积指数的基数。叶面积指数用下式计算:

$$LAI = DA \tag{4-11}$$

式中 D——群体密度,株/m²;

A——单株叶面面积,m²/株。

7.籽粒灌浆速率

在灌浆期对各处理夏玉米的灌浆进程进行测定,将各处理预先标定株高、抽穗期及穗位高度一致的穗株作为待测植株挂牌标记,4 d测定一次,每次取3个果穗,取中部籽粒混匀,测定100粒体积及干重。用排水法测籽粒体积,在烘箱中(60 ℃)烘干后测定干重。

8.地上部分干物质积累量

从拔节期至成熟期,地上部分干物质积累量每10 d测定一次。取样时,每小区取5株测定干物质重,置入烘箱中于105 ℃条件下杀青20 min,然后在80 ℃条件下烘干至恒重。

9.生理指标

在夏玉米生育期选定典型晴好天气,测量光合速率、蒸腾速率等生理指标的日变化。8:00~17:00每小时测定一次,叶片净光合速率 P_n(CO_2 μmol/(m² · s))和蒸腾速率 T_r(H_2Ommol/(m² · s))用美国产LI-6400光合仪同时进行测定。

10.生物量、产量及构成因素

依据试验规范的要求,对每个处理的夏玉米进行考种,样本数为10株,重复3次。考种前要单收、单打、测产和计产。考种指标包括:地上部分干物质及其分配、穗长、穗粗、秃尖长、穗周长、穗行数、行粒数、穗粒数、百粒重和籽粒产量等。收获前一天,在每个处理选择两个长2 m、宽1 m的小区,将每个小区所有的地上部分干物质收获后立即放入烘箱中,在105 ℃环境下杀青30 min,然后在75~80 ℃恒温箱中烘干48 h称重。

11.农田蒸散量

农田蒸散量用土壤水量平衡方程 $ET = \Delta S + I + P - R - D$ 计算。由于试验地点相对高度较四周低约15 cm,故降雨产生的地表径流可忽略不计。由于试验地点地下水位大于5 m,故地下水对夏玉米蒸散量的影响可忽略不计。农田蒸散量可由下式求得:

$$ET = \Delta S + P + I \tag{4-12}$$

$$\Delta S = \sum(\Delta\theta_i Z_i)$$

式中　ET——夏玉米总蒸散量，mm；

ΔS——土壤蓄存水变化量，mm；

$\Delta\theta_i$——土壤某一层次的体积含水率变化；

Z_i——第 i 层次的土壤厚度，mm；

i——土壤层次；

P——夏玉米生育期有效降雨量，mm，由试验地点气象站提供；

I——夏玉米整个生育期的灌溉水量，mm。

12. 水分利用效率

水分利用效率也称水分生产率，是表示作物水分吸收利用过程效率的一个指标。长期以来，植物水分利用效率被广泛关注。水分利用效率的研究已成为国内外半干旱和半湿润地区生物学和农业研究的一个热点。了解植物的水分利用效率不仅可以掌握植物的生存适应策略，同时可以调控有限的水资源以获得更高的产量和经济效益。

1）叶片水平上的水分利用效率

叶片水平上的水分利用效率指水的生理利用效率或蒸腾效率，即叶片单位的蒸腾耗水产生的光合作用所形成的有机物量，它取决于光合速率与蒸腾速率的比值，是植物消耗水分形成干物质的基本效率，也就是水分利用效率的理论值，决定了它在其他层次水分利用效率研究中的基础地位。叶片水分利用效率揭示了植物内在的耗水机制，从作物叶片角度反映单位蒸腾耗水的生产效率，用来表征植物，为作物的合理供水提供科学的依据，可以用叶片蒸腾消耗一定量的 H_2O 所同化的 CO_2 量来表示，可用如下公式计算（武兰芳等，2008；彭世彰等，2006）：

$$WUE = \frac{P_n}{T_r} \tag{4-13}$$

式中　WUE——水分利用效率；

P_n——净光合速率，CO_2 μmol/（m^2 · s）；

T_r——蒸腾速率，H_2O mmol/（m^2 · s）。

2）群体水平上的水分利用效率

对于作物群体水平上的水分利用效率的表达方式和计算方法有很多种，但都存在优缺点（杨晓光等，1999；邓西平等，2002）。本书采用的群体水平上的水分利用效率指的是作物某一生育期内干物质积累量与同期内农田蒸散量的比值（蔡焕然等，2000），即蒸散效率。群体水分利用效率与叶片水平上的水分利用效率相比更接近实际情况，可用来表征田间或区域的水分利用效率。作物某生育阶段的群体水分利用效率＝该生育阶段单位面积干物质积累量/该生育阶段总的耗水量。

$$WUE = \frac{DW}{ET} \tag{4-14}$$

式中　DW——某一阶段或生育期内干物质积累量；

ET——某一生育期阶段内群体蒸散量和总蒸腾量。

3）产量水平上的水分利用效率

产量水平上的水分利用效率即单位耗水量的产量（kg/（mm^2 · hm^2））。产量可用净生产量或经济产量来表示，经济产量更接近农业生产实际情况，故本书采用的是经济产量，由于该水平上的水分利用效率所用的耗水量考虑到土壤表面的无效蒸发，所以对节水农业的研究更有实际意义，目前研究最多的也是该水平上的水分利用效率，它是农田、作物节水研究的重要内容(房全孝等，2004)，计算公式为

$$WUE = \frac{Y}{ET} \tag{4-15}$$

式中 Y——夏玉米的经济产量，kg/hm^2，收获时，各处理取除保护行外生长均匀一致的植株进行测产，并折算为每 1 m^2产量；

ET——整个生育期农田耗水量。

4)灌溉水利用效率

灌溉水利用效率是指某一时期灌入田间可被作物利用的水量与水源地灌溉取水总量的比值。它反映全灌区渠系输水和田间用水状况，是衡量从水源取水到田间作物吸收利用过程中灌溉水利用程度的一个重要指标，能综合反映灌区灌溉工程状况、用水管理水平、灌溉技术水平。灌溉水利用效率指每单位灌溉水所能生产作物的经济产量(张岁岐，2009；李铁男，2011)：

$$WUE = \frac{Y}{I} \tag{4-16}$$

式中 Y——夏玉米的经济产量，kg/hm^2；

I——夏玉米整个生育期的灌溉水量，mm。

四、结果与分析

(一)管道均匀移动灌溉对夏玉米农田蒸散量的影响

1. 不同灌水处理条件下夏玉米不同层次土体贮水量随时间的动态变化

图 4-4(a)是不同灌水处理条件下 0 ~ 20 cm 范围内土体贮水量的动态变化，由于该土层和大气的接触最密切，所以这个范围内的土壤含水率受灌溉和降水的影响非常明显，变化比较剧烈。由图 4-4(a)可以看出，整个生育期无灌水处理 W0 表层土体贮水量均低于三种灌水处理，W0 相比 W1、W2、W3 分别降低 17.37%、16.66%、17.68%，但 W1、W2、W3 差别并不明显，本层土体贮水量的变化趋势与降水量基本一致，可以看出，降水对本层土壤水分的影响最大。该结果与李淑文等关于不同灌水处理下土壤水分动态的结果基本一致。

由图 4-4(b)可以看出，20 ~ 40 cm 整个生育期 W3 处理土体贮水量明显高于其他处理，无灌水处理最低。该层土体贮水量受降水量影响比表层小。W0 相比较 W1、W2、W3 分别降低 18.44%、19.78%、23.69%。该层土体贮水量三种灌水处理的差异最为显著。

由图 4-4(c)可以看出，40 ~ 60 cm 处 W3 处理土体贮水量最高，无灌水处理最低，W0 相比较 W1、W2、W3 分别降低 23.84%、24.49%、24.65%。

由图 4-4(d)、(e)可以看出，60 ~ 100 cm 整个生育期土体贮水量 W3 处理土体贮水量最高，无灌水处理最低。W0 相比较 W1、W2、W3 分别降低 18.24%、18.22%、19.17%。80 ~ 100 cm 整个生育期土体贮水量 W3 处理最高，W0 处理最低。W0 相比较 W1、W2、

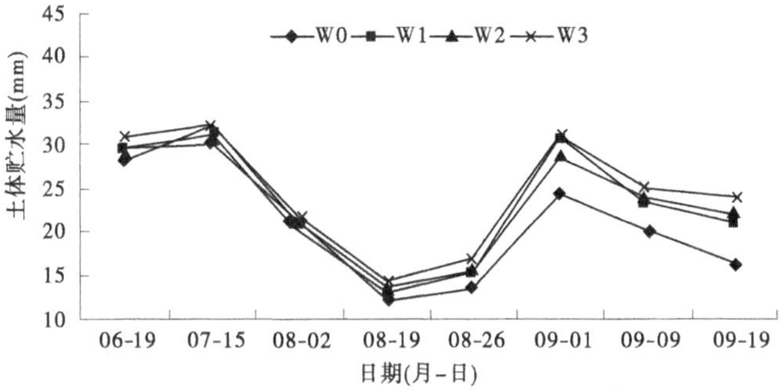

(a)不同灌水处理条件下夏玉米0~20 cm土体贮水量

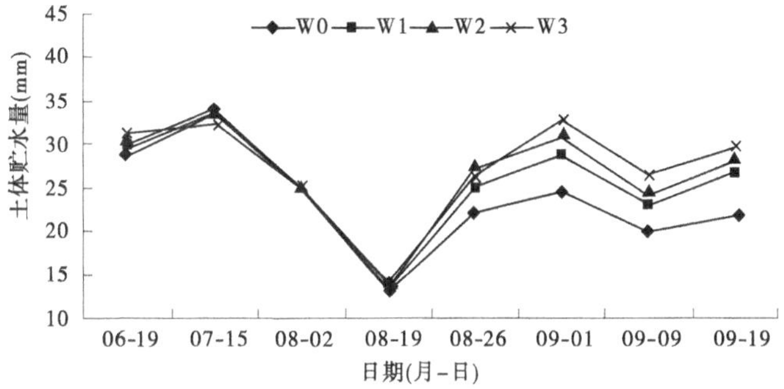

(b)不同灌水处理条件下夏玉米20~40 cm土体贮水量

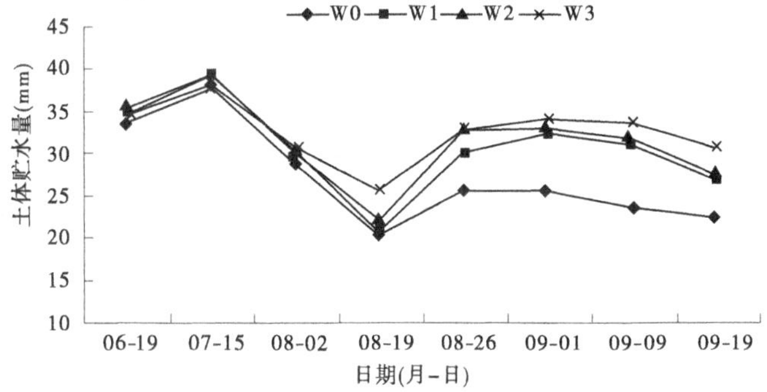

(c)不同灌水处理条件下夏玉米40~60 cm土体贮水量

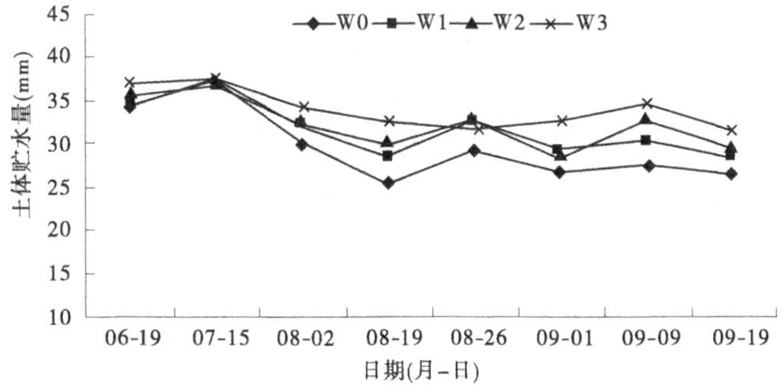

(d)不同灌水处理条件下夏玉米60~80 cm土体贮水量

图 4-4　不同灌水处理条件下夏玉米 0 ~ 100 cm 土体贮水量

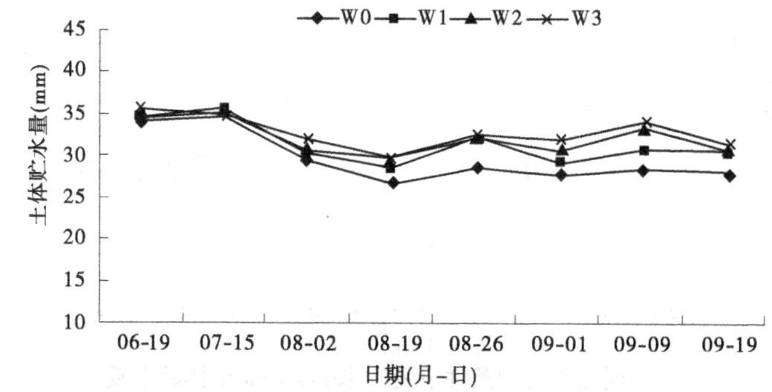

(e)不同灌水处理条件下夏玉米80~100 cm土体贮水量

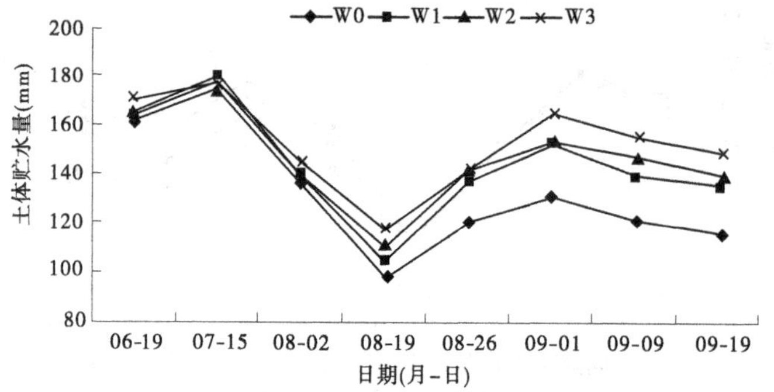

(f)不同灌水处理条件下夏玉米整个生育期0~100 cm土体贮水量

续图 4-4

W3 分别降低 16.33%、16.46%、17.67%。60 ~ 100cm 土层受降雨和灌水的影响更小，各灌水处理的土壤水分变化基本处于稳定状态，土体贮水量变化最为稳定，到收获时期各灌水处理的土体贮水量之间的差异也较小。可以看出，该层土壤水分得到了雨水的补充和蓄积，不仅能为深层根系的生长提供所需的水分，也能向上一层次的土壤输送水分，从而补充水分的消耗。

整体来看，总的土体贮水量在夏玉米生育前期土体贮水量基本相同，在夏玉米拔节期生长旺盛，光合作用强烈，耗水量加大，因此 0 ~ 100 cm 土壤贮水量急剧下降。2013 年 8 月出现的土壤贮水量急剧上升是由这个月份的集中降雨引起的，降雨量和灌溉量大于夏玉米生长发育所消耗的土壤水分含量。从夏玉米拔节期到成熟，W1、W2 和 W3 的土壤贮水量都显著大于 W0，同时可以看出，W1 处理相比较 W2、W3 有明显的提高。

由以上可以得出，传统沟灌以及“小白龙”灌溉，由于灌溉方式的不均匀性引起局部区域深层渗漏严重，而部分区域得到的水分较少，导致土体贮水量在空间上分布不均且平均值较低。管道均匀移动灌溉由于灌水精度比较高，管道末端出水量一定，相比较更能保证土体各个层次贮水量的稳定，尤其保证了 20 ~ 60 cm 土层的土体贮水量，不仅有利于夏玉米生育后期深层根系的生长发育，而且减少地面径流蒸发以及地下水渗漏，有效提高水分利用效率，满足作物根系的需水要求，综合提高了土壤水分的利用效率。

2. 不同灌水处理条件下夏玉米不同层次土壤含水率空间上的变化

不同灌水处理下夏玉米沿灌水沟长度方向上各层土壤含水率如图 4-5 所示。三种灌

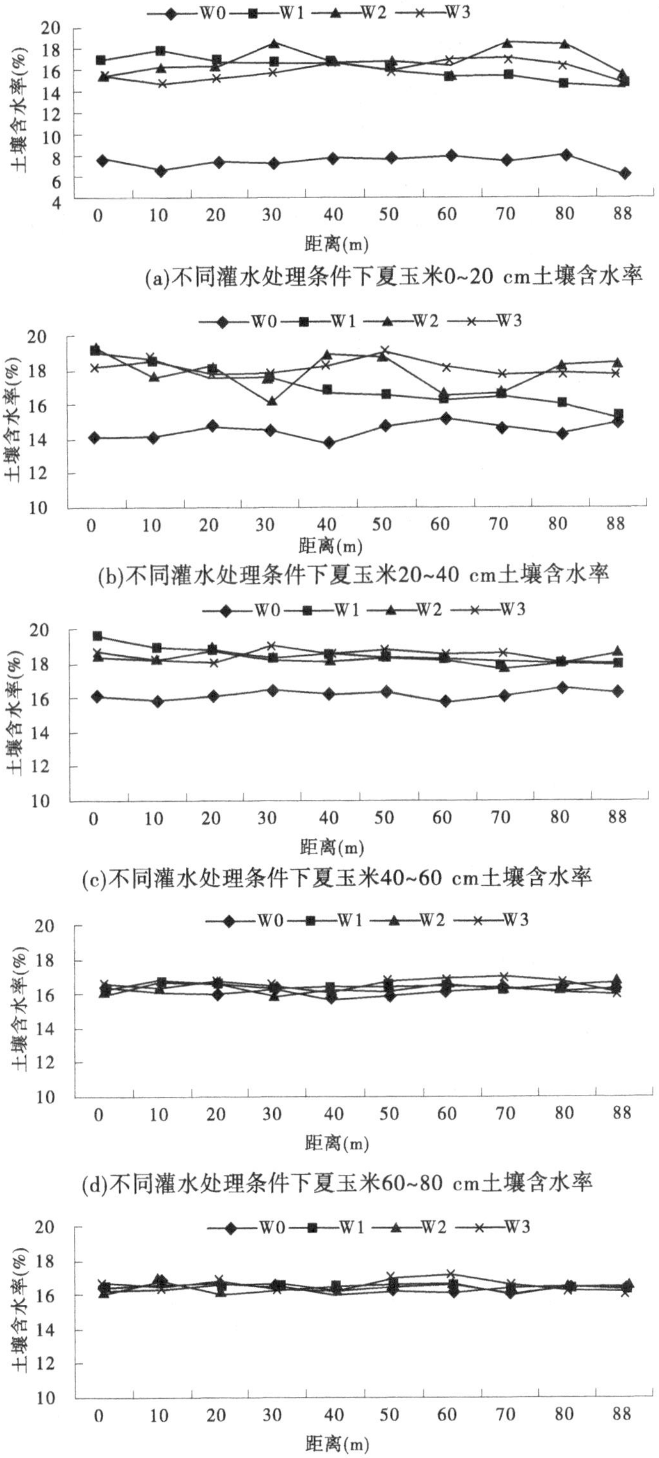

(a)不同灌水处理条件下夏玉米0~20 cm土壤含水率

(b)不同灌水处理条件下夏玉米20~40 cm土壤含水率

(c)不同灌水处理条件下夏玉米40~60 cm土壤含水率

(d)不同灌水处理条件下夏玉米60~80 cm土壤含水率

(e)不同灌水处理条件下夏玉米80~100 cm土壤含水率

图 4-5　不同灌水处理条件下夏玉米沿灌水沟长度方向上各层土壤含水率

水处理0～20 cm的土壤含水率远大于无灌水处理，且相比较之下，W3处理下各层土壤含水率在沿灌水沟长度方向上差异性很小，灌水均匀度最高，而W1和W2处理下各层土壤水分在沿灌水沟长度方向上都存在不同程度的变化，灌水均匀度较低。20～40 cm的土壤含水率有相同规律，在40～60 cm土层，该差异逐渐变小，到60 cm以下，四种处理下相同土层的含水率的变化很小。由此可见，管道均匀移动灌溉充分保证了0～60 cm土层含水率空间上的均匀性，有利于夏玉米根系的生长发育，避免了由于灌水不均匀导致的夏玉米根系局部缺水从而影响其生长发育的现象和局部灌水过多导致的深层渗漏现象的发生。

3. 不同灌水处理条件下对夏玉米农田表层土壤含水率分布均匀性的影响

不同灌溉技术条件下含水率分布均匀性见表4-4。可以看出，三种灌水处理条件下，土壤含水率分布均匀性均呈逐渐上升趋势，且W3处理下管道均匀移动灌溉处理的表层土壤含水率均匀性最高，达到了0.91，而传统沟灌和“小白龙”灌溉处理后的表层土壤含水率均匀性相对较低，管道均匀移动灌溉优势比较明显，保水保墒效果比较好。

表4-4 灌溉后表层土壤含水率分布均匀性

灌水处理	E_{eu}				
	8月20日	8月21日	8月22日	8月23日	8月24日
W1	0.77	0.81	0.84	0.87	0.87
W2	0.81	0.83	0.86	0.88	0.88
W3	0.85	0.87	0.90	0.91	0.91

4. 不同灌水处理条件下对夏玉米农田土壤水消耗的影响

图4-6所示为几种不同灌水处理条件下对夏玉米农田土壤水消耗量的影响。四种灌水处理条件下土壤水的消耗分别为41.41 mm、28.48 mm、27.09 mm和19.55 mm。从图4-6可以看出，W1、W2、W3处理相比较W0土壤水的消耗量有明显降低（LSD，$P<0.05$），且相同灌水定额的条件下，W3处理相比较W1、W2处理的降低幅度也比较明显（LSD，$P<0.05$），但是W1、W2两种灌水处理的差异并不显著。

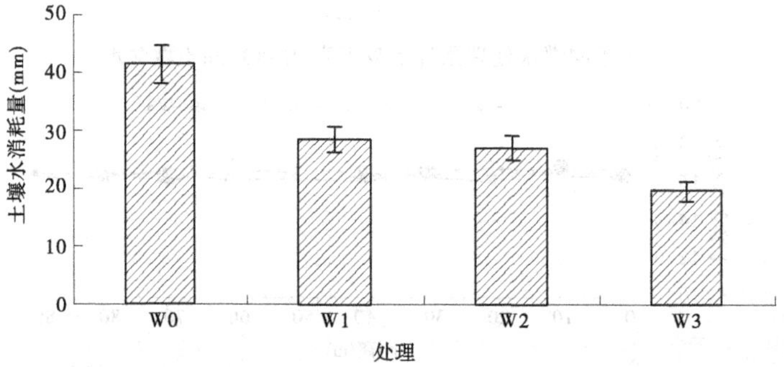

图4-6 不同灌水处理条件下对夏玉米土壤水消耗量的影响

5. 不同灌水处理条件下对夏玉米整个生育期农田蒸散量的影响

表4-5给出了不同灌水处理条件下对夏玉米整个生育期农田蒸散量的影响。夏玉米农田蒸散量是指夏玉米整个生育期通过植株蒸腾和株间蒸发从土壤中消耗的水分(王靖等,2003)。包括夏玉米种植前和收获后土壤贮水量的变化、夏玉米整个生育期间的降水量和灌溉水量的总和。

表4-5　不同灌水处理条件下对夏玉米整个生育期农田蒸散量的影响　(单位:mm)

处理	土壤水变化量	灌水量	降水量	总蒸散量
W0	41.41ab	0	441.50	482.91a
W1	28.48c	94.7	441.50	564.69a
W2	27.09bc	75.76	441.50	544.35ab
W3	19.55a	75.76	441.50	536.81bc

注:每列中数据后不同小写字母表示同一列中各处理间差异达5%显著水平。

可以看出,夏玉米整个生育期的农田蒸散量随着灌水量的增加而增加。表现为W1 > W2 > W0,但是在相同灌水定额的情况下W3 < W2。在夏玉米生育前期,农田蒸散量主要是棵间蒸发,传统沟灌和“小白龙”灌溉容易引起灌溉水在土壤表层长时间滞留从而导致大量的棵间蒸发损耗,管道均匀移动灌溉相比较传统的灌水方法充分保证了灌溉的均匀性,减少了灌溉水的棵间蒸发,因而在相同灌水定额情况下的农田蒸散量较低。而到夏玉米生育后期,随着夏玉米叶面积的增大以及根系吸水能力的加强,植株的蒸腾能力显著增加,棵间蒸发将明显减少。三种灌水处理条件下W3处理的农田蒸散量最低,分别比W1、W2降低4.9%、1.4%。

(二)管道均匀移动灌溉对夏玉米产量及其形成机制的影响

1. 不同灌水处理条件下对夏玉米叶面积指数的影响

叶面积指数是衡量群体叶面积大小的指标,玉米在生殖生长阶段叶片是植物进行光合作用和蒸腾作用供应籽粒营养的重要器官,是衡量作物个体和群体生长发育好坏的重要标志,研究表明,一定范围内叶面积指数与单位面积产量呈正相关。

由于叶面积大小直接影响作物光合作用面积的大小。而叶面积指数 *LAI* 指的是单位土地面积上植物叶片总面积占土地面积的倍数,即:叶面积指数 = 叶片总面积/土地面积,其大小是影响作物的干物质积累和最终产量的重要因素,在一定的范围内,作物的产量随叶面积指数的增大而提高。但是当叶面积指数增加到一定的范围后,田间郁闭,导致光照不充足,光合速率降低,从而导致最终产量下降(吴忠东等,2010)。

不同灌水处理条件下夏玉米不同生育期的叶面积指数如图4-7所示,由图中可以看出,各处理的夏玉米叶面积指数均随着生育时期发展呈现出先上升后下降的单峰曲线,即拔节后叶面指数迅速增加,到开花期时达到最大,然后呈逐渐下降趋势。不同灌水处理条件下W3的叶面积指数最大,其次是W2、W1、W0,在开花期表现最为明显,最大叶面积指数分别比无灌水处理、传统沟灌、“小白龙”灌溉高35.5%、13.5%、10.5%。

2. 不同灌水处理对夏玉米形态指标的影响

由表4-6、图4-8、图4-9可以看出,四种不同灌水处理对夏玉米株高和茎粗的影响比

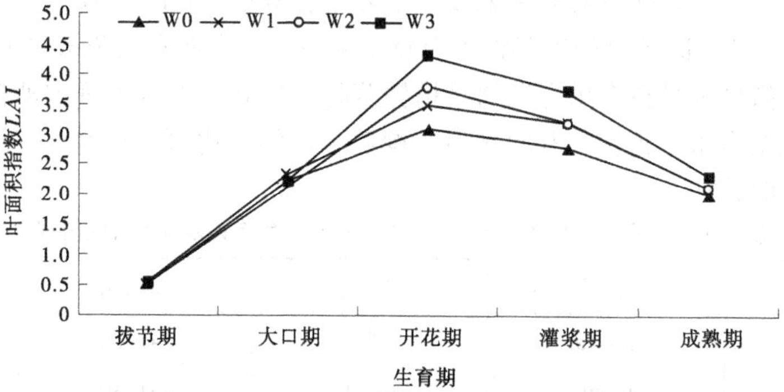

图 4-7 夏玉米不同生育期的叶面积指数

较明显,W0 处理由于夏玉米根系受到水分胁迫,对其产量及构成因素均产生了不同程度的抑制。从表 4-6 中数据可以得出:W3 处理下夏玉米成熟期株高相比较 W0、W1、W2 分别增加了 5%、1.8%、1.3%,玉米茎粗和穗位高也有一定程度的增加。

表 4-6 不同灌水处理条件下夏玉米形态指标

处理	株高(cm)	茎粗(mm)	地面茎节(节)	穗位高(cm)
W0	263.60b	23.13	14	103.87
W1	271.90ab	24.22	14	103.94
W2	273.20ab	24.38	14	104.13
W3	276.68a	25.28	14	104.11

注:每列中数据后不同小写字母表示同一列中各处理间差异达 5% 显著水平。

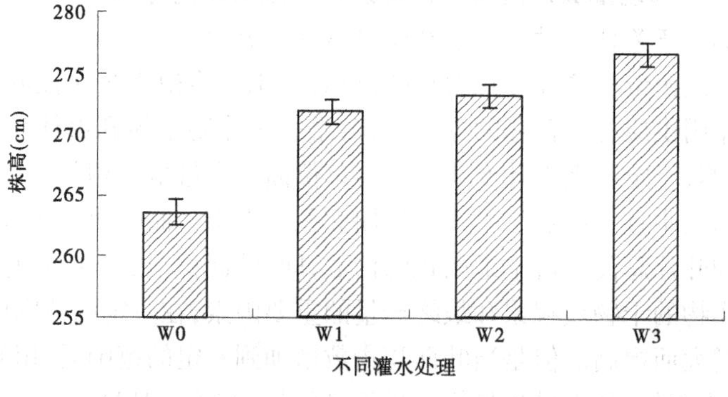

图 4-8 不同灌水处理条件下对夏玉米株高的影响

3. 不同灌水处理条件下对夏玉米叶片光合特性的影响

1) 不同灌水处理条件下对夏玉米叶片光合速率及日变化的影响

由于蒸腾作用对水分胁迫的变化比光合作用更敏感,因此通过适度地控制作物供水,调节叶片气孔的开度,在不影响作物对空气中 CO_2 吸收的同时,减少作物的奢侈蒸腾损失,防止作物严重失水。

图 4-10 中数据是在 2013 年 9 月 10 日典型晴天上午 10:00 左右用 LI－6400 光合仪

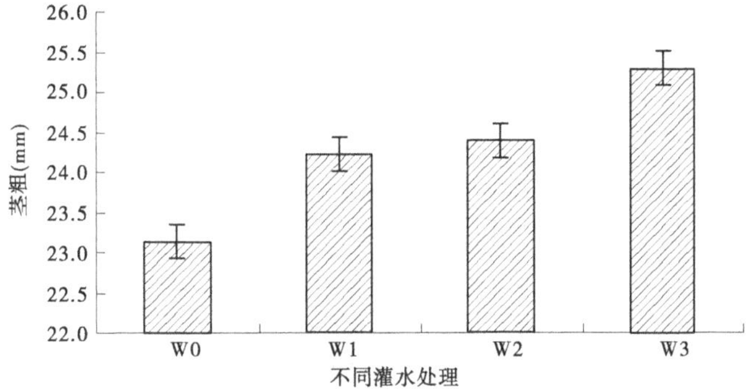

图 4-9　不同灌水处理条件下对夏玉米茎粗的影响

测得的。由图 4-10 可以看出,各处理条件下光合速率的变化趋势基本一致,在 8:00～10:00光合速率迅速增大,在 10:00～12:00 达到最大值,之后开始缓慢下降,于 18:00 时降至最低。三种灌水处理的叶片光合速率在不同时刻均明显高于无灌水处理,三种灌水处理在 8:00～13:00 差异并不明显,在 13:00 以后差别变得明显。而在灌水定额相同的情况下,可以看出 W3 处理略高于 W2 处理,尤其在中午 11:00～12:00 时最为明显。

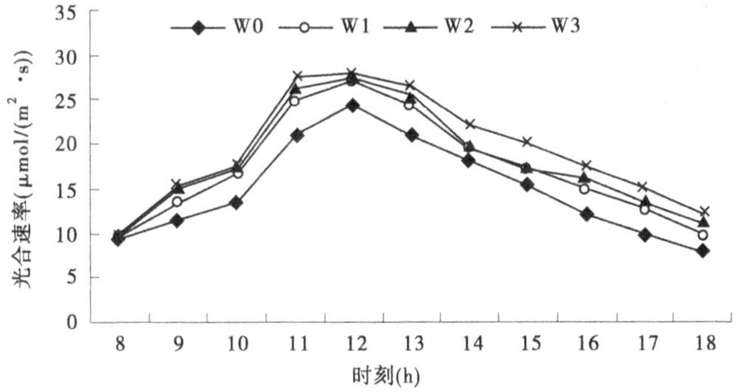

图 4-10　不同灌水处理条件下夏玉米叶片光合速率的日变化

2)不同灌水处理条件下对夏玉米叶片蒸腾速率及日变化的影响

图 4-11 中数据是在 2013 年 9 月 10 日典型晴天 10:00 左右用 LI－6400 光合仪测得,从不同灌水处理条件下夏玉米叶片蒸腾速率的日变化过程可以看出,各处理的整体变化趋势基本一致,并且与叶片光合速率日变化的趋势近似但又略有不同,即蒸腾速率从8:00到 12:00 急剧上升,至 12:00 后开始保持较高水平且缓慢升高,到 13:00 左右达最高值,之后开始下降。三种灌水处理下的叶片蒸腾速率在不同时刻均明显高于无灌水处理,三种灌水处理中灌水定额最高的处理 W1 的蒸腾速率远高于其他两种处理,而在灌水定额相同的情况下 W3 处理的蒸腾速率略低于 W2 处理。可以看出,夏玉米叶片蒸腾速率随着水分控制下限的降低而下降,水分控制下限合理时,管道均匀移动灌溉可以使蒸腾速率下降,明显减少了叶片奢侈蒸腾,因而能够提高叶片的水分利用效率,从而为作物的高产打下了基础。

4. 不同灌水处理条件下对夏玉米干物质积累及分配的影响

由图 4-12 可以看出,不同灌水处理条件下夏玉米干物质积累,随着生育期的推进,不

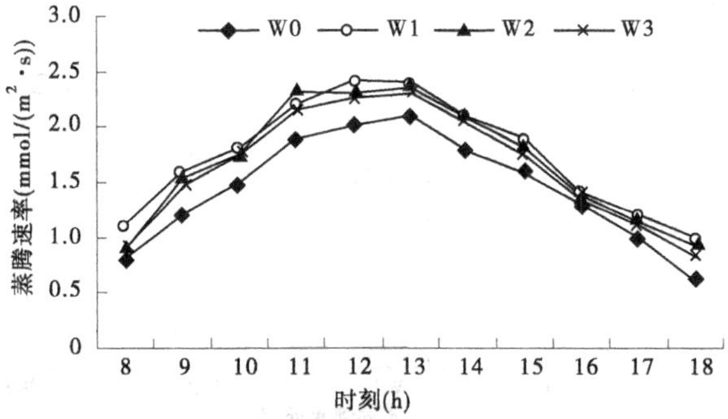

图 4-11 不同灌水处理条件下夏玉米叶片蒸腾速率的日变化

同处理条件下夏玉米干物质积累表现为拔节期相对较少，拔节后至开花期迅速增加，而在生育后期灌浆至成熟期增加又较为缓慢。几种不同处理之间，以 W3 处理最高，其次为 W1、W2，无灌水处理的 W0 明显低于其他三种处理。计算得出，开花期干物质积累 W3 相比较 W0、W1 和 W2 分别提高 21.21%、5.26%、8.11%；灌浆期干物质积累 W3 相比较 W0、W1 和 W2 分别提高 23.07%、3.23%、3.90%；成熟期干物质积累 W3 相比较 W0、W1 和 W2 分别提高 13.33%、3.03%、4.29%。可以看出，管道均匀移动灌溉充分保证了夏玉米对水分的需求，保证了光合作用的顺利进行，同时又避免了奢侈性的蒸腾损失，使得干物质积累量增加。而 W0 处理的低水平则是由于作物在缺水条件下，根系吸收的水分不能满足冠层的光合和蒸腾损失，从而导致光合作用受到抑制，新生同化产物数量减少，进而导致干物质积累量的下降。

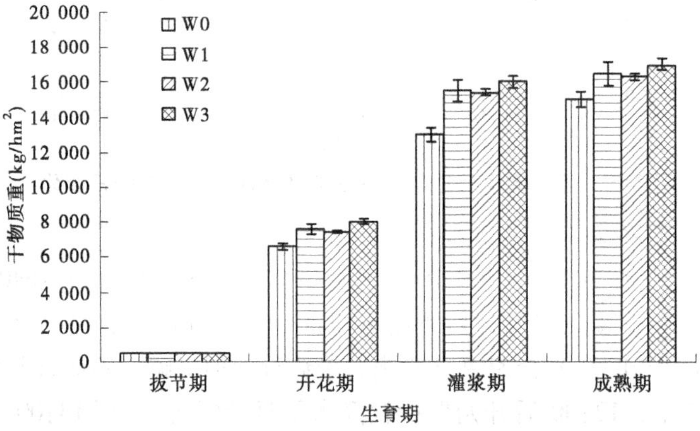

图 4-12 不同灌溉方式下夏玉米干物质积累动态

由表 4-7 可以看出，四种灌水处理条件下，夏玉米成熟期干物质积累量均为籽粒所占比例最高，其次是茎、叶、其他和鞘。同时，不同灌水处理条件下对成熟期夏玉米干物质分配的影响也不同，四种处理中，W3 处理单株干重最高，为 276.43 g/株，籽粒干重也是最高，为 152.54 g/株，比例也最高，占 55.18%，其次为 W1 处理和 W2 处理。由表 4-7 可见，管道均匀移动灌溉增加了夏玉米成熟期的籽粒部分干物质积累量，有利于夏玉米总产量的增产。

表 4-7　不同灌溉处理条件下夏玉米成熟期干物质分配

处理	叶		鞘		茎		籽粒		其他		单株	
	重(g)	比例(%)	重(g)	比例(%)	重(g)	比例(%)	重(g)	比例(%)	重(g)	比例(%)	重(g)	比例(%)
W0	27.76	10.80	17.87	6.95	44.10	17.15	138.55	53.89	28.81	11.21	257.09	100
W1	34.11	12.39	17.87	6.49	43.89	15.95	150.60	54.71	28.78	10.46	275.25	100
W2	33.77	12.48	16.55	6.11	42.14	15.57	149.50	55.23	28.73	10.61	270.69	100
W3	35.70	12.92	17.44	6.31	43.27	15.65	152.54	55.18	27.48	9.94	276.43	100
平均	32.84	12.17	17.43	6.46	43.35	16.06	147.80	54.77	28.45	10.54	269.87	100

5. 不同灌水处理条件下对夏玉米产量及产量构成因素的影响

不同灌水处理条件下夏玉米产量及产量构成因素如表 4-8 所示。夏玉米籽粒产量的高低取决于单位面积穗数、穗粒数和百粒重。统计分析结果表明，W3、W2、W1 三种灌水处理下夏玉米的穗长、穗粗、行粒数、穗重、穗粒重、百粒重和产量均明显高于 W0，且灌水定额一定的情况下 W3 较 W2 处理的产量提高了 6%，增产效果十分显著(LSD，$P<0.05$)。W0 处理由于夏玉米根系受到水分胁迫，对其产量及构成因素均产生了不同程度的抑制(郑灵祥等，2010；寇明蕾，2008)。表 4-8 表明：W0 处理的夏玉米的产量及其构成因素均低于其他三种灌水处理，W3、W2 处理相比较 W1 处理产量分别提高了 11%、5%。这是由于灌水处理的不同导致土壤中的水分含量不同，使玉米的根冠比产生一定的差异(于振文，2003)，由于水分影响了根系的分布，从而导致耗水量大且灌水均匀度较低的 W1 处理部分玉米根系较密，一定量的本可用于作物冠层的同化物被应用于根系生长，使作物的生物量不能随着耗水量的增加而增大，而部分玉米根系得不到生长所需的水分从而导致比耗水量适中的处理 W2、W3 有所降低，进而影响了作物的整体产量。W3 处理下玉米产量为 9 758.70 kg/hm^2，比 W2 处理高 6%，比 W1 处理高 11.4%，比 W0 处理高 22.1%。

表 4-8　不同灌水处理条件下夏玉米产量及构成因素

处理	穗长(mm)	穗粗(mm)	秃尖长(cm)	行粒数(grain)	穗重(g)	穗粒重(g)	百粒重(g)	产量(kg/hm^2)
W0	174.89	54.07	0.56	34	216.62c	175.42b	34.68b	7 991.76d
W1	191.87	55.14	0.48	35	234.95b	198.43a	35.76ab	8 763.00c
W2	198.66	55.45	0.44	36	238.61b	200.80a	36.24aa	9 202.50b
W3	201.18	55.83	0.42	37	244.49a	202.34a	36.89a	9 758.70a

注：每列中数据后不同小写字母表示同一列中各处理间差异达 5% 显著水平。

（三）管道均匀移动灌溉对夏玉米水分利用效率研究

1. 不同灌水处理条件下对夏玉米叶片水分利用效率的影响

夏玉米叶片水分利用效率是叶片净光合速率和蒸腾速率的比值，是水分利用效率的理论值，也是研究群体水分利用效率和产量水分利用效率的基础，同时受到净光合速率和蒸腾速率的影响。

图4-13的数据是在2013年9月10日典型晴天10:00左右用LI-6400光合仪测得的，9月10日正处于夏玉米灌浆期，夏玉米干物质量已经往穗上分配。从图4-13可以看出，四种不同处理条件下，W3的叶片水分利用效率最高（12.3），相比较W0（9.01）、W1（11.25）和W2（11.08）分别提高了36.52%、9.33%和11.01%，这是由于管道均匀移动灌溉充分保证了夏玉米对水分的需求，保证了光合作用的顺利进行，同时避免了奢侈性的蒸腾损失，从而使得叶片水平上的水分利用效率的提高。而W0的低水平则是由于作物在缺水条件下，根系吸收的水分不能满足冠层的光合作用和蒸腾损失，从而导致光合作用受到抑制，新生同化产物数量减少，进而导致分配于根系和冠层间的干物质量下降，表现为根、冠的日累积量减小，植株的总抑制量增大。

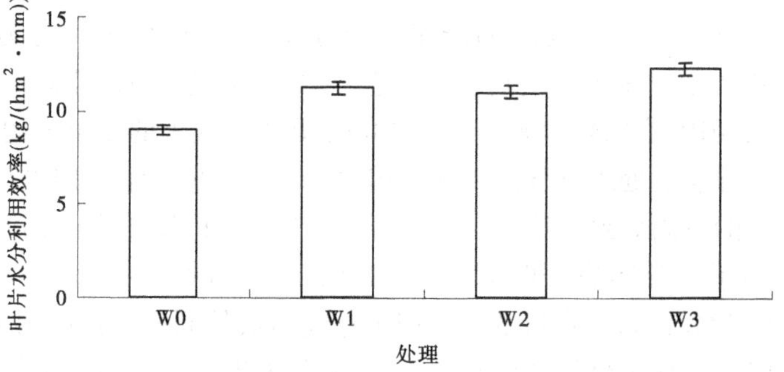

图4-13　2013年9月10日不同灌水处理条件下对夏玉米叶片水分利用效率的影响

2. 不同灌水处理条件下对夏玉米群体水分利用效率的影响

群体水平上的水分利用效率是指阶段干物质积累量和耗水量之间的比值或作物整个生育期干物质积累量和耗水量之间的比值。由于群体之间产生了农田小气候，对于该水平上的水分利用效率研究起来比较复杂，影响因子也比较多。但是群体水平上的水分利用效率比叶片水平上的水分利用效率在尺度上更具有说服性，它能够反映不同生育期内的水分利用效率和整个生育期内的水分利用效率，还可以和收获指数相结合反映产量水平上的水分利用效率，同时与叶片水平上的水分利用效率有密切的联系，因此常作为水分利用效率研究中的重要指标来研究。

本书是以夏玉米整个生育期为研究对象，表4-9反映了夏玉米整个生育期群体水分利用效率，即夏玉米整个生育期内干物质积累量和农田蒸散量的比值。从表4-9可以看出，四种灌水处理条件下的夏玉米群体水平水分利用效率依次是W3 > W0 > W2 > W1，且W3处理分别比W0、W1和W2高2.12%、8.44%和5.90%，W0处理较高水平的群体水分利用效率主要是由于整个生育期无灌水使得夏玉米总的蒸散量降低引起的，W1处理的群体水平水分利用效率较低主要是由于传统沟灌的灌水量较大,导致总的农田蒸散量的提高引起的。而在相同灌水量不同灌水方法条件下,W3 处理明显比 W2 处理高出 5.90%,因此该灌水方式可以有效地提高夏玉米的群体水平水分利用效率。

表 4-9　不同灌水处理条件下夏玉米群体水平水分利用效率

处理	土壤供水量(mm)	降雨量(mm)	生育期灌水量(mm)	农田蒸散量(mm)	干物质重(kg/hm^2)	群体水平水分利用效率($kg/(hm^2 \cdot mm)$)
W0	41.41	441.50	0.00	482.91	15 012	31.09
W1	28.48	441.50	94.70	564.68	16 535	29.28
W2	27.09	441.50	75.76	544.35	16 321	29.98
W3	19.55	441.50	75.76	536.81	17 043	31.75

3. 不同灌水处理条件下对夏玉米产量水平上的水分利用效率和灌溉水利用效率的影响

产量水平上的水分利用效率是指每公顷农田消耗每毫米土壤贮水量所产出的经济产量。根据夏玉米的灌水量及种植前和收获后的土壤含水率以及在作物整个生育期的降雨量计算出作物全生育期的耗水量,根据耗水量和产量分别求三种灌水模式下作物产量水平上的水分利用效率和灌溉水利用效率。夏玉米整个生育期的产量水平上的水分利用效率如表 4-10 所示。

表 4-10　不同灌水处理条件下夏玉米水分利用效率

处理	土壤供水量(mm)	降雨量(mm)	生育期灌水量(mm)	蒸散量(mm)	产量(kg/hm^2)	水分利用效率($kg/(hm^2 \cdot mm)$)	灌溉水利用效率($kg/(hm^2 \cdot mm)$)
W0	41.41	441.50	0.00	482.91	7 991.76d	16.55c	—
W1	28.48	441.50	94.70	564.68	8 763.00c	15.52b	92.53c
W2	27.09	441.50	75.76	544.35	9 202.50b	16.91b	121.47b
W3	19.55	441.50	75.76	536.81	9 758.70a	18.18a	128.81a

注:每列中数据后不同小写字母表示同一列中各处理间差异达 5% 显著水平。

李晓玲等研究表明,相同灌水方式下水分利用效率值随耗水量增加而增加(李晓玲等,2006)。在本书中,由表 4-10 可以看出,不同灌溉处理条件下对夏玉米耗水量和水分利用效率有一定的影响,耗水量 W1 > W2 > W3,水分利用效率 W3 > W2 > W1,W3 较 W0 提高 9.85%,较 W1 提高 17.14%,较 W2 提高 7.5%,该趋势与产量变化趋势一致,与耗水量变化趋势相反,随作物耗水量的增多水分利用效率逐渐降低(俞建河等,2012;Taisheng Du,2010);灌溉水利用效率 W3 > W2 > W1,W3 较 W1 提高 39.2%,较 W2 提高 6%。从作物水分利用效率和灌溉水利用效率来看,都说明管道均匀移动灌溉较传统沟灌以及普遍应用的“小白龙”灌溉有效提高了夏玉米的水分利用效率和灌溉水利用效率,节水效果比较明显。

五、试验讨论

(一)管道均匀移动灌溉对夏玉米农田土壤水分状况的影响

前人经过大量试验得出,0~20 cm 土壤表层贮水量的变动受降水、灌水影响较大,30~60 cm土层含水率变化幅度较大,作物对土壤水分的利用主要集中于0~80 cm,80~100 cm 土壤含水率变化幅度微小,常年维持在较高水平(李淑文等,2010)。本书进行了W0(无灌水处理)、W1(传统沟灌)、W2(“小白龙”灌溉)以及 W3(田间管道均匀移动灌溉)的对比试验,对土壤含水率和土体贮水量进行了时间上和空间上的对比分析。

1. 对土体贮水量的影响

0~20 cm 土体贮水量受灌溉和降水的影响非常明显,变化比较剧烈,本层土体贮水量的变化趋势与降水量基本一致;20~60 cm 整个生育期 W3 处理土体贮水量明显高于其他处理,无灌水处理最低,该层土体贮水量受降水量影响比表层小,W0 相比较 W1、W2、W3 分别降低 18.44%、19.78%、23.69%,该层土体贮水量三种灌水处理的差异最为显著;40~60 cm W3 处理土体贮水量最高,无灌水处理最低,W0 相比较 W1、W2、W3 分别降低 23.84%、24.49%、24.65%;60~100 cm 整个生育期 W3 处理土体贮水量最高,无灌水处理最低,该层土壤受降雨和灌水的影响更小,各灌水处理的土壤水分变化基本处于稳定状态,土体贮水量变化最为稳定,到收获时期各灌水处理的土体贮水量之间的差异也较小。整体来看,总的土体贮水量在夏玉米生育前期基本相同,从夏玉米拔节期到成熟,W1、W2 和 W3 的土壤贮水量都显著大于 W0,同时可以看出,W1 处理相比较 W2、W3 有明显的提高。

由以上可以得出,管道均匀移动灌溉克服了传统沟灌以及“小白龙”灌溉由于灌溉方式的不均匀性引起的局部区域深层渗漏,灌水精度比较高,管道末端出水量一定时,相比较更能保证土体各个层次贮水量的稳定,尤其保证了 20~60 cm 土层的土体贮水量,不仅有利于夏玉米生育后期深层根系的生长发育,而且减少了地面径流蒸发以及地下水渗漏,有效提高了水分利用效率满足作物根系的需水要求,综合提高了土壤水分的利用效率。

2. 对土壤含水率分布均匀性的影响

三种灌水处理0~20 cm 的土壤含水率远大于无灌水处理,且相比较之下,W3 处理下各层土壤含水率在沿灌水沟长度方向上差异很小,灌水均匀度最高,而 W1 和 W2 处理下各层土壤水分在沿灌水沟长度方向上都存在不同程度的变化,灌水均匀度较低。20~40 cm 的土壤含水率有相同规律,在 40~60 cm 土层,该差异逐渐变小,到 60 cm 以下,四种处理下相同土层的含水率的变化很小。由此可见,管道均匀移动灌溉充分保证了 0~60 cm 土层含水率空间上的均匀性,有利于夏玉米根系的生长发育,避免了由于灌水不均匀导致的夏玉米根系局部缺水从而影响其生长发育的现象和局部灌水过多导致的深层渗漏现象的发生。同时,不同灌溉技术条件下,表层土壤含水率分布均匀性随时间的增加均呈逐渐上升趋势,且 W3 管道均匀移动灌溉处理的表层土壤含水率均匀性最高,达到了0.91,而传统沟灌和“小白龙”灌溉处理后的表层土壤含水率均匀性相对较低,管道均匀移动灌溉优势比较明显,保水保墒效果比较好。

（二）管道均匀移动灌溉对农田蒸散量的影响

四种灌水处理条件下，土壤水的消耗分别为 41.41 mm、28.48 mm、27.09 mm 和 19.55 mm。W1、W2、W3 处理相比较 W0 土壤水的消耗量有明显降低（LSD，$P<0.05$），且相同灌水定额条件下，W3 处理相比较 W1、W2 处理的降低幅度也比较明显（LSD，$P<0.05$），但是 W1、W2 两种灌水处理的差异并不显著。夏玉米整个生育期的农田蒸散量随着灌水量的增加而增加，表现为 W1 > W2 > W0，但是在相同灌水定额情况下 W3 < W2。在夏玉米生育前期，农田蒸散量主要是棵间蒸发，传统沟灌和“小白龙”灌溉容易引起灌溉水在土壤表层长时间滞留从而导致大量的棵间蒸发损耗，管道均匀移动灌溉相比较传统的灌水方法充分保证了灌溉的均匀性，减少了灌溉水的棵间蒸发，因而，在相同灌水定额情况下的农田蒸散量较低。而到夏玉米生育后期，随着夏玉米叶面积的增大以及根系吸水能力的加强，植株的蒸腾能力显著增加，棵间蒸发将明显减少。三种灌水处理条件下 W3 处理的农田蒸散量最低，分别比 W1、W2 降低 4.9%、1.4%。

（三）管道均匀移动灌溉对夏玉米产量及形成机制的影响

1. 对夏玉米生长发育及形态指标的影响

各处理的夏玉米叶面积指数均随着生育期发展呈现出先上升后下降的单峰曲线，即拔节后叶面积指数迅速增加，到开花期时达到最大，然后呈逐渐下降趋势。不同灌水处理条件下 W3 的叶面积指数最大，其次是 W2、W1、W0，在开花期表现最为明显，最大叶面积指数分别比无灌水处理、传统沟灌、“小白龙”灌溉高 35.5%、13.5%、10.5%。各处理对夏玉米株高和茎粗的影响比较明显，W0 处理由于夏玉米根系受到水分胁迫，对其产量及构成因素均产生了不同程度的抑制。结果表明：W3 处理下夏玉米成熟期株高相比较 W0、W1、W2 分别增加了 5%、1.8%、1.3%，玉米茎粗和穗位高也有一定程度的增加。

2. 对夏玉米光合特性的影响

各处理光合速率的变化趋势基本一致。在 08:00 ~ 10:00 光合速率迅速增大，在 10:00 ~ 12:00达到最大值，之后开始缓慢下降，于 18:00 时降至最低。三种灌水处理的叶片光合速率在不同时刻均明显高于无灌水处理，三种灌水处理在 8:00 ~ 13:00 差异并不明显，在 13:00 以后差别变得明显。而在灌水定额相同的情况下，可以看出 W3 处理略高于 W2 处理，尤其在 11:00 ~ 12:00 时最为明显。不同灌水处理条件下夏玉米叶片蒸腾速率日变化的整体变化趋势基本一致，并且与叶片光合速率日变化的趋势近似但又略有不同，即蒸腾速率从 8:00 到 12:00 急剧上升，至 12:00 后开始保持较高水平且缓慢升高，到 13:00 左右达最高值，之后开始下降。三种灌水处理下的叶片蒸腾速率在不同时刻均明显高于无灌水处理，三种灌水处理中灌水定额最高的处理 W1 的蒸腾速率远高于其他两种处理，而在灌水定额相同的情况下 W3 处理的蒸腾速率略低于 W2 处理。可以看出，夏玉米叶片蒸腾速率随着水分控制下限的降低而下降，水分控制下限合理时，管道均匀移动灌溉可以使蒸腾速率下降，明显减少了叶片奢侈蒸腾，因而能够提高叶片的水分利用效率，从而为作物的高产打下基础。

3. 对夏玉米干物质积累的影响

随着生育期的推进，不同灌水处理条件下夏玉米干物质积累表现为拔节期相对较少，拔节后至开花期迅速增加，而在生育后期灌浆至成熟期又增加较为缓慢。几种不同处理下，以 W3 处理最高，其次为 W2、W1，无灌水处理的 W0 明显低于其他三种处理。计算得出，开花期干物质积累 W3 相比较 W0、W1 和 W2 分别提高 21.21%、5.26%、8.11%；灌浆期干物质积累 W3 相比较 W0、W1 和 W2 分别提高 23.07%、3.23%、3.90%；成熟期干物质积累 W3 相比较 W0、W1 和 W2 分别提高 13.33%、3.03%、4.29%。可以看出，管道均匀移动灌溉充分保证了夏玉米对水分的需求，保证了光合作用的顺利进行，同时又避免了奢侈性的蒸腾损失，使得干物质积累量增加。而 W0 处理的低水平则是由于作物在缺水条件下，根系吸收的水分不能满足冠层的光合作用和蒸腾损失，从而导致光合作用受到抑制，新生同化产物数量减少，进而导致干物质积累量的下降。四种灌水处理条件下，夏玉米成熟期干物质积累量均为籽粒所占比例最高，其次是茎、叶、其他和鞘。同时，不同灌水处理条件下对成熟期夏玉米干物质分配的影响也不同，四种处理中，W3 处理单株干重最高，为 276.43 g/株，籽粒干重也是最高，为 152.54 g/株，比例也最高，占 55.18%，其次为 W1 处理和 W2 处理。由表 4-7 可见，管道均匀移动灌溉增加了夏玉米成熟期的籽粒部分干物质积累量，有利于夏玉米总产量的增加。

4. 对夏玉米产量及其构成因素的影响

统计分析结果表明，W3、W2、W1 三种灌水处理条件下夏玉米的穗长、穗粗、行粒数、穗重、穗粒重、百粒重和产量均明显高于 W0，且灌水定额一定的情况下 W3 较 W2 处理的产量提高了 6%，增产效果十分显著（LSD，$P<0.05$）。W0 处理由于夏玉米根系受到水分胁迫，对其产量及构成因素均产生了不同程度的抑制（郑灵祥等，2010；寇明蕾，2008）。表 4-6表明：W0 处理的夏玉米的产量及其构成因素均低于其他三种灌水处理，W3、W2 处理相比较 W1 处理产量分别提高了 11%、5%。这是由于灌水处理的不同导致土壤中的水分含量不同，使玉米的根冠比产生一定的差异（于振文，2003），由于水分影响了根系的分布从而导致耗水量大且灌水均匀度较低的 W1 处理部分玉米根系较密，一定量本可用于作物冠层的同化物被应用于根系生长，使作物的生物量不能随着耗水量的增加而增大，而部分玉米根系得不到生长所需的水分从而导致比耗水量适中的处理 W2、W3 有所降低，进而影响了作物的整体产量。W3 处理下玉米产量为 9 758.70 kg/hm^2，比 W2 处理高 6%，比 W1 处理高 11.4%，比 W0 处理高 22.1%。

（四）管道均匀移动灌溉对水分利用效率的影响

W3 处理的叶片水分利用效率最高（12.3），相比较 W0（9.01）、W1（11.25）和 W2（11.08）分别提高了 36.52%、9.33% 和 11.01%，这是由于管道均匀移动灌溉充分保证了夏玉米对水分的需求，保证了光合作用的顺利进行，同时避免了奢侈性的蒸腾损失，从而使得叶片水平上的水分利用效率提高。而 W0 的低水平则是由于作物在缺水条件下，根系吸收的水分不能满足冠层的光合作用和蒸腾损失，从而导致光合作用受到抑制，新生同化产物数量减少，进而导致分配于根系和冠层间的干物质量下降，表现为根、冠的日累积量减小，植株的总抑制量增大。

夏玉米群体水平水分利用效率依次是 W3 > W0 > W2 > W1，且 W3 处理分别比 W0、W1 和 W2 高 2.12%、8.44% 和 5.90%，W0 处理较高水平的群体水分利用效率主要是由于整个生育期无灌水使得夏玉米总的蒸散量降低引起的，W1 处理的群体水平水分利用效率较低主要是由于传统沟灌的灌水量较大，导致总的农田蒸散量的提高引起的。而在相同灌水量条件下的不同灌水方法下,W3 处理明显比 W2 处理高出 5.90%,因此该灌水方式可以有效地提高夏玉米的群体水平水分利用效率。

不同灌溉处理对夏玉米产量水平水分利用效率有一定的影响,耗水量 W1 > W2 > W3,水分利用效率 W3 > W2 > W1,W3 较 W0 提高 9.85%,较 W1 提高 17.14%,较 W2 提高 7.5%,该趋势与产量变化趋势一致,与耗水量变化趋势相反,随作物耗水量的增多水分利用效率逐渐降低(俞建河,2012;Taisheng Du,2010)。

灌溉水利用效率 W3 > W2 > W1,W3 较 W1 提高 39.2%,较 W2 提高 6%。从作物水分利用效率和灌溉水利用效率来看,都说明管道均匀移动灌溉较传统沟灌以及普遍应用的"小白龙"灌溉能有效提高夏玉米的水分利用效率和灌溉水利用效率,节水效果比较明显。

随着近年来节水农业的迅速发展,许多节水技术被应用于农业生产,关于节水灌溉方法也得到了充分的研究和探讨。本书提出的田间管道均匀移动灌溉,作为一种新的节水灌溉方法,目前有关该方向的研究较少,本书初步研究了该灌水方法相比较目前较为普遍使用的传统沟灌以及"小白龙"输水管灌的优势,并从夏玉米农田土壤水变化以及农田蒸散量、夏玉米产量及形成机制和水分利用效率几个方面展开研究和分析,该灌水方法能提高灌水的均匀度,避免传统灌溉方法容易产生的地面径流和深层渗漏损失,提高水分利用效率,节约灌溉用水。

由于该灌水技术可以需定供,既能做到充分灌溉,保证作物根系对水分的需求,为作物产量的提高打下基础,又能在水资源紧缺时亏缺灌溉,对作物产生轻度的水分胁迫,所以今后还可通过改变管道移动速度、出口流量等参数进行相关的对比试验,如:该灌水技术条件下对夏玉米亏缺灌溉、调亏灌溉以及控制性隔沟交替灌溉等,还可将该灌水方法应用到其他农作物例如冬小麦等。因而具有很大的研究价值。

六、结论

(一)管道均匀移动灌溉对夏玉米产量的影响

本研究进行了 W0(无灌水处理)、W1(传统沟灌)、W2("小白龙"灌溉)以及 W3(田间管道均匀移动灌溉)的对比试验,研究结果表明,管道均匀移动灌溉相比较其他两种传统灌溉方式,更能促进夏玉米的生长发育以及产量的提高。之所以能获得单位面积上产量的最高纪录,是由于高水平灌水均匀性充分保证了夏玉米根系对水分的需求,有效提高了夏玉米的叶面积指数,从而保证叶片光合产物的积累,有效增加了穗粒重从而使得夏玉米整体产量提高。

(二)管道均匀移动灌溉对土壤水分动态及农田蒸散量的影响

管道均匀移动灌溉充分保证了 20 ~ 60 cm 土层含水率空间上的均匀性,以及该土层的土体贮水量,有利于夏玉米根系的生长发育,避免了由于灌水不均匀导致的夏玉米根系局部缺水从而影响其生长发育的现象和局部灌水过多导致的深层渗漏现象的发生;表层土壤含水率均匀性最高,优势比较明显,保水保墒效果比较好;减少了灌溉水的棵间蒸发,因而在相同灌水定额情况下的农田蒸散量较低。

（三）管道均匀移动灌溉对夏玉米水分利用效率的影响

几种不同灌水方法条件下，管道均匀移动灌溉在三个水平上的水分利用效率都不同程度地高于其他处理的水分利用效率。

叶片水平上的水分利用效率：W3 > W0 > W2 > W1。管道均匀移动灌溉充分保证了夏玉米对水分的需求，保证了光合作用的顺利进行，同时避免了奢侈性的蒸腾损失，从而使得叶片水平上的水分利用效率提高；群体水平上的水分利用效率：四种灌水处理条件下的夏玉米群体水平水分利用效率依次是 W3 > W0 > W2 > W1，相同灌水量条件下的不同灌水方法下，W3 处理明显比 W2 处理高出 5.90%，因此该灌水方式可以有效地提高夏玉米的群体水平水分利用效率；产量水平上的水分利用效率：W3 > W2 > W1，W3 较 W0 提高 9.85%，较 W1 提高 17.14%，较 W2 提高 7.5%，该趋势与产量变化趋势一致；灌溉水利用效率 W3 > W2 > W1，W3 较 W1 提高 39.2%，较 W2 提高 6%。从作物水分利用效率和灌溉水利用效率来看，都说明管道均匀移动灌溉较传统沟灌以及普遍应用的“小白龙”灌溉能有效提高夏玉米的水分利用效率和灌溉水利用效率，节水效果比较明显。

综上所述，该灌水方法相比较目前较为普遍使用的传统沟灌以及“小白龙”输水管灌大大提高了灌水的均匀度，同时可以避免传统灌溉方法容易产生的地面径流和深层渗漏损失，因而可以提高水分利用效率，节约灌溉用水；灌水后农田土壤含水率高于传统常规沟灌，且土壤含水率变化幅度较小，在相同灌水定额的条件下可以以需定供，且水分利用效率高于传统沟灌以及“小白龙”输水管灌，并能显著提高夏玉米的产量。在合理控制水分下限时，管道均匀移动灌溉是一种适宜夏玉米的并能同时实现节水和增产的有效灌水方法。

第二节　管移式自动灌溉系统

为准确地控制各灌溉参数，使沿灌水长度方向灌水精准、均匀，提高灌溉水的利用率，实现自动灌溉，降低劳动强度，实现节水灌溉，缓解我国水资源紧缺现状，研发了管移式自动灌溉系统，它是一种非常适合我国地面节水灌溉技术的配套装置，在现有管道输水的广大灌区能利用管道中水流作为动力，实现田间自动均匀灌溉的系统。

使用本装置进行农田灌溉，既不需要其他外动力，也没有对水质的限制，同时可实现自动灌溉，有利于地面灌溉技术参数调控，有利于地面节水灌溉技术的推广，可规模化生产，使用方便、灵活，省工、省力、节能。

一、系统构成

如图 4-14 ~ 图 4-18 所示，管移式自动灌溉系统由管移式自动灌溉机、田间配套系统构成。

管移式自动灌溉机由机壳、导叶体、转轮、轴封装置、轴承体、变速箱、动力输出装置、支架、传动轴等部件组成。其中，机壳由进水口、出水口、法兰、弯管等部件组成，机壳固定在支架上，而支架可以固定在地面上；导叶体由导叶轮毂和固定导叶等构成，两者铸造成一个整体结构，且固定导叶外缘固定在机壳的内壁上，固定导叶不能转动；转轮由转轮轮

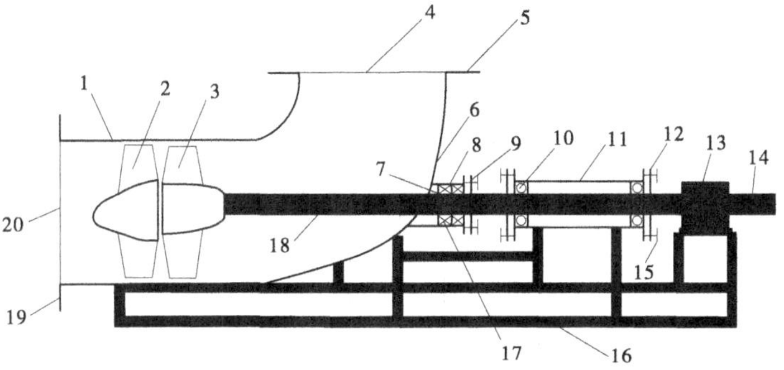

1—机壳;2—导叶体;3—转轮;4—出水口;5、19—法兰;
6—弯管; 7—底衬环; 8—填料装置外壳; 9—填料压盖; 10—轴承;
11—轴承体外壳; 12—轴承端盖; 13—变速箱; 14—动力输出装置; 15—螺栓;
16—支架; 17—填料; 18—传动轴;20—进水口

图 4-14 管移式自动灌溉机示意图

毂及叶片等组成,叶片固定在转轮轮毂上,叶片与机壳之间保持适当缝隙,应尽量使水流减少回流,提高管移式自动灌溉机制效率,且不使叶片和机壳之间产生磨损;转轮通过轴承固定在传动轴上,它可以在水流冲击作用下,产生机械转动,从而将水流的动能及势能转换成传动轴旋转的机械能,通过传动轴再传递到变速箱中;传动轴一端固定在导叶轮毂中的轴承中,另一端固定在轴承体中的轴承中,这样只允许传动轴转动,而不产生沿着轴方向的窜动;轴承体由设置在轴承体两端的轴承、轴承体外壳、轴承端盖、螺栓等部件构成,轴承端盖通过螺栓固定在轴承体外壳上,轴承体两端的两个轴承固定好后,由轴承端盖固定,防止轴承松动、脱落;轴封装置设置在传动轴穿出机壳的位置,由于管移式自动灌溉机内水压力不大,所以可采用填料函密封形式,它由底衬环、填料装置外壳、填料、填料压盖、螺栓等部件构成,填料压盖通过螺栓固定在轴封体上,并通过螺栓给轴承装置内的填料施加一定的压力,其压实程度应使管移式自动灌溉机中的水以滴状滴出,且每分钟控制在 30 滴左右为宜,这样既可以防止大量漏水,也可以用滴漏出来的水带走因传动轴与填料之间产生的热量,防止填料燃烧现象的发生;变速箱一端固定在传动轴上,另一端与动力输出装置连接,变速箱可采用齿轮变速箱,其传动比应根据灌溉制度、灌溉用水量、灌溉流量、输水管中水压力大小等参数综合计算确定,以通过控制传动轴转动速度来控制动力输出装置的转动速度;动力输出装置一端与变速箱连接,另一端连接后移管道的

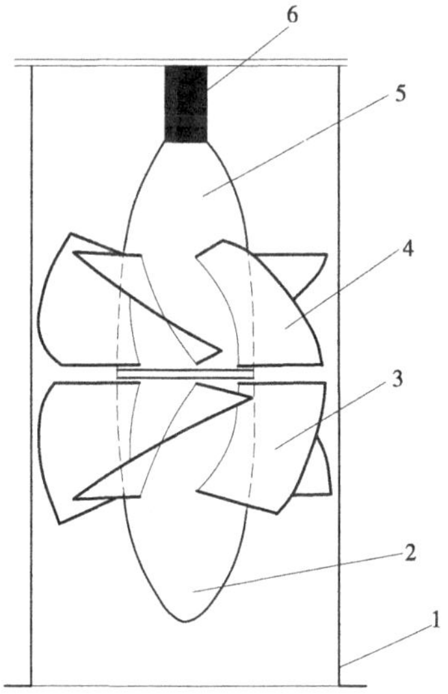

1—机壳;2—导叶轮毂;3—固定导叶;
4—叶片;5—转轮轮毂;6—传动轴

图 4-15 导叶体及转轮大样图

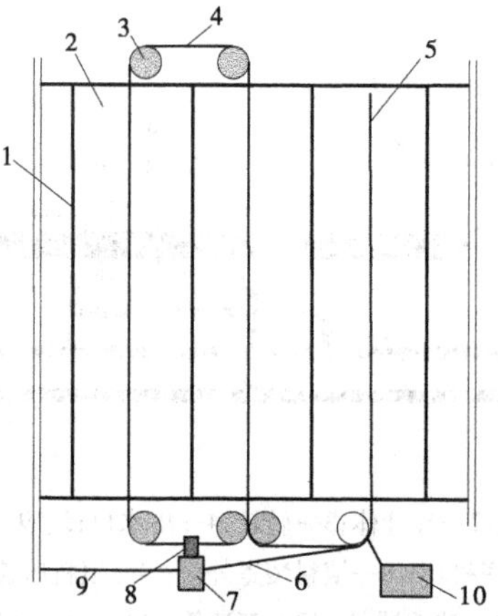

1—田埂;2—畦田或沟田;3—滑轮;4—细钢索;5—后移管道;
6—供水管;7—灌溉机;8—动力输出装置;9—输水管;10—药肥装置

图 4-16　田间配套系统示意图

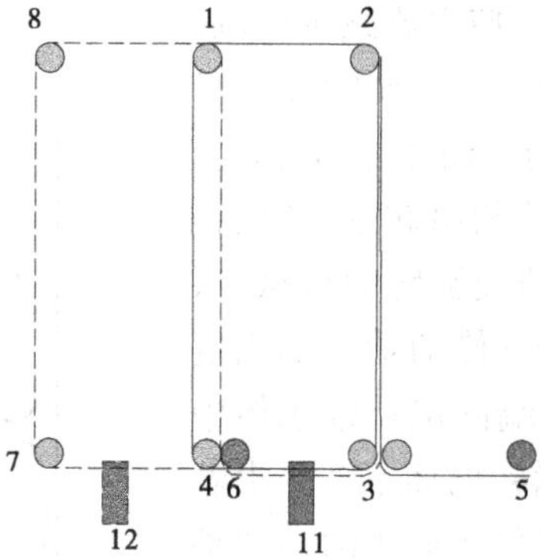

图 4-17　管移式自动灌溉系统田间工作模式图

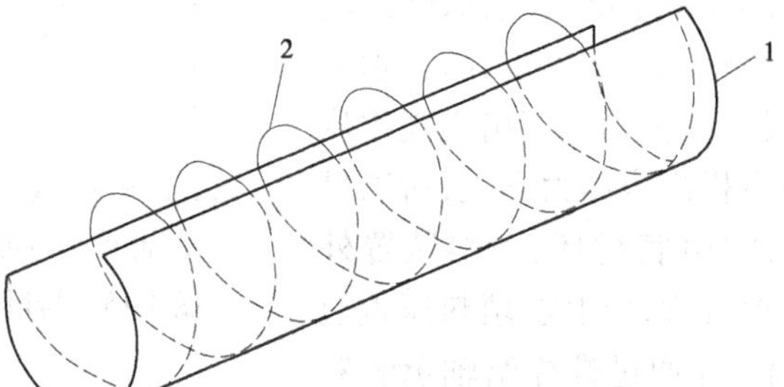

1—后移管道;2—加筋

图 4-18　后移管道示意图

细钢索,通过动力输出装置的机械转动来牵引细钢索移动,从而牵引后移管道向后移动;支架主要用于固定管移式自动灌溉机,它将机壳、轴承体、变速箱等设备固定成一个整体,以增加整体性,方便运移。

田间配套系统主要由输水管、供水管、后移管道、细钢索、滑轮、药肥装置、田埂、畦田或沟田等部分组成。输水管为密封管道，一端与水源连接，一端与管移自动灌溉机的进水口连接，它的作用主要是将水源的水输配到管移式自动灌溉机，一个作用是引水灌溉，另一个作用是通过水流的作用冲击转轮转动，从而产生控制后移管移动的动力；供水管为密封管道，其进口与管移自动灌溉机的出水口连接，其出口与后移管道连接，以便将水输送到后移管道中，灌溉使用；后移管道为一特殊设置的顶部开口的、具有一定强度和刚度的、可以允许有适量弯曲变形的（可以绕在滑轮上）、能有一定过水能力的管道，这样可以使供水管输出的水自由地流入后移管道中，供给灌溉使用；细钢索的主要作用是用于牵引后移管道移动，它与固定在地面上的滑轮组成牵引系统，钢索与动力输出装置连接，以便带动细钢索绕着滑轮移动，从而控制后移管道按一定的速度在畦田或沟田中向后移动，由于后移管道的后移速度可以通过进入管移自动灌溉机的流量大小来调节，后移管道的移动速度可以实现等速移动，因此能均匀、准确地控制各点的灌溉水量，实现自动、准确灌溉；药肥装置是在灌溉过程中，自动进行施肥、施药的装置，随着灌溉即可完成施肥、放药，可大量节省劳动力，同时提高施肥、施药的均匀性，药肥装置可采用开敞式或注入泵等方式。

二、系统工作原理及过程

本系统工作时，在管道输水条件下，可完成管移式自动灌溉。首先将装置固定好，当管道中有水流通过时，水流冲击转轮转动，由于转轮与传动轴连接成一个整体，所以传动轴在转轮带动下产生转动，为了防止传动轴在穿出机壳的地方产生漏水现象，在此处设置有轴封装置；由于传动轴在水流作用下产生了转动，所以通过变速箱带动动力输出装置转动，由于动力输出装置和田间细钢索连接在一起，所以此时细钢索会产生运行，绕着固定在地面上的滑轮移动，由于后移式管道与细钢索连接在一起，所以此时后移管道也随之在田间向后移动；根据灌溉制度、灌溉定额、畦田规格、灌溉流量大小及输水管道中水压力大小等参数，计算灌溉用水量、后移管道的后移速度来调整通过后移式自动灌溉机的流量大小，使管道后移速度正好适合灌溉水量的需要，同时管道移动时会自动匀速移动，这样就保证了灌入各处的水量相等，实现了均匀灌溉的要求，使灌溉均匀，各处得到的水量相同；系统在畦首或沟首，设置药肥装置，可将药液或肥液和灌溉水一起加入后移管道中，可以实现水肥一体化。这样，由于各处得到的水量相同，则各处得到的肥量也相同，实现水肥一体均匀灌溉的现代灌溉。

如图 4-17 所示，为了使灌溉尽量连续，在系统灌溉过程中，由人工方式提前在下一畦田或沟田中布设一条细钢索 78；当一畦或一沟灌完后，后移管道移动到如图 4-17 所示的实线位置，即后移管在 235 位置，动力输出装置在 11 位置，细钢索在 1234 位置；这样，可以将滑轮 2 移至滑轮 8 位置，将滑轮 3 移至滑轮 7 位置，将滑轮 5 移至滑轮 6 位置，将细钢索 36 移至 47 位置，将细钢索 14 从图中实线位置（即原位置）移至虚线位置，将细钢索 12 移至 18 位置，这样，将细钢索 81、14（虚线位置）、47、78 连接成一个整体；将后移管道 35 移至 36 位置，并与细钢索连接，这样又形成了一个新的后移管道自动灌溉系统，在动力输出装置作用下，又可以自动完成该畦田或沟田的灌溉，如此周而复始，直至完成所有的灌溉。

三、具体实施方法

整个管移式自动灌溉机均可采用铸铁或铸钢或合金材料铸造而成，以增加其刚性和强度，管移式自动灌溉机连接的输水管以及供水管可采用具有一定强度和挠性的塑料管。后移管道需要特殊制造，它应具有一定的强度、刚性和挠性，要求在细钢索牵引过程中，既要保证不被拉断，能绕过滑轮移动，且不漏水，还能保证一定的空间形状，能有足够的过水能力，满足灌溉流量的要求。滑轮最好采用塑料质地的滑轮，既保证了足够的强度和刚性，又减轻了重量，灵巧方便。

四、管移式自动灌溉系统的特点

(1)不需要外动力，方便野外灌溉。

该系统利用输水管道中水具有的能量来自动控制灌溉系统灌溉，这样就省去了外加动力，更方便野外工作。

(2)实现大田作物灌溉自动化，降低劳动强度。

该系统利用输水管道中灌溉水具有的能量，通过专用能量转换装置来自动控制灌溉系统的灌溉工作，在灌溉过程中省去了人力操作，降低了劳动强度，实现灌溉的自动化。

(3)灌水均匀、准确。

由于输水管中流量为等量等压供水的输水形式，通过管移式自动灌溉系统调节，可以调节通过管移式自动灌溉机的流量大小，实现管移式自动灌溉机的等速旋转，从而实现了动力输出装置的等速旋转，继而实现了后移管道的等速移动，加之输水管道中的水流量是等量的，所以通过后移管道输入田间的流量是不变的，供入田间各处的流量相等，实现了各处灌水的均匀性和准确性。

(4)实现了大田作物灌溉水肥一体化。

利用系统中施肥装置，实现了灌溉、施肥一体化运作，提高了施肥的均匀度，更有利于作物的生长。

(5)适应性强。

由于后移管道直径粗大，对水质要求不高，省去了各种净化、过滤装置，降低了造价；该系统可用于畦灌、沟灌以及各种大田作物的灌溉，具有很强的适应能力。

管移式自动灌溉系统设计原理独特，解决了目前我国占主导地位的地面灌溉不均匀、水肥浪费现象严重、影响作物正常生长的矛盾，对促进我国灌溉技术的发展具有重要的价值。

第三节　管灌区水肥一体化管道均匀回退自动灌溉系统

水肥一体化管道均匀回退自动灌溉系统是一种非常适合我国地面节水灌溉技术的配套装置，可在现有管道输水的广大灌区，利用管道中水流作为动力，实现田间自动均匀灌溉、施肥(药)的系统。

使用本装置进行农田灌溉，既不需要其他外动力，也没有对水质的特殊限制，同时能实现水肥一体化,也可实现自动灌溉、施肥(药),有利于灌溉、施肥(药)技术参数的调控,有利于地面节水灌溉技术的推广,可规模化生产,使用方便、灵活,省工、省力、节能。

一、系统构成

管灌区水肥一体化管道均匀回退自动灌溉系统由回管器、供水管、回退灌水管和肥(药)系统构成。如图4-19所示。

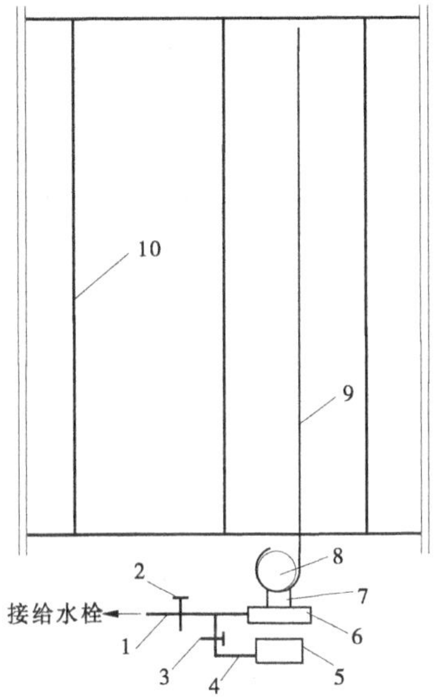

1—供水管;2—供水管闸阀;3—肥(药)管闸阀;4—肥(药)管;
5—肥(药)罐;6—涡轮机;7—变速装置;8—管盘;9—回退灌水管;10—田埂

图4-19　水肥一体化管道均匀回退自动灌溉系统示意图

回管器包括涡轮机、变速装置和管盘三部分。涡轮机为了提高其输出转矩,可采用双轮叶结构,其中一个轮叶转动,而另一个轮叶固定不动;涡轮机动力输出轴与变速装置连接,通过变速装置将涡轮机动力输出的旋转机械能传递到管盘上,并通过变速装置调整管盘的转速,满足回退灌水管的回退速度的需要;管盘是用来卷放回退灌水管的设备,在管盘的旋转作用下,将回退灌水管卷放在管盘上;供水管是用于将给水栓的水流供给回管器的水管,其设置有闸阀,用于调节供水管中流量,满足灌溉流量及调节回退灌水管回退速度的需要;回退灌水管是用于将灌溉水输送到回退灌水管口的输水管道,灌溉水从回退灌水管出口流出,以流入到田间,为灌溉所用;肥(药)系统是在灌溉过程中,自动进行施肥、施药的装置;为方便野外使用,肥药装置采用开敞式肥(药)罐,罐内药液或肥液都有一个与大气连通的自由液面,肥(药)罐中的药液或肥液预先由人工方式调好;肥(药)罐底部连接有一条肥(药)管,肥(药)管上设有肥(药)管闸阀,用以调控肥(药)量的流量,肥(药)管出口与供水管相连接,可保证将肥液或药液供入回退灌水管内,随着灌溉即可完成施肥、放药任务,可大量地节省劳动力,同时提高施肥、施药的准确性、均匀性。

二、工作原理及过程

本系统工作时，在管道输水条件下，可完成水肥一体化管道均匀回退自动灌溉。首先将装置固定好，再将回退灌水管拉到灌水畦（沟）末端，码放好，然后向供水管中供水，当供水管中有水流通过时，水流冲击涡轮机转动，通过变速装置带动管盘转动，管盘会自动地将回退灌水管卷放在管盘上，使回退灌水管自动均匀回退，一边回退一边向田间供水灌溉。

系统工作时，可根据灌溉制度、灌溉定额、畦田规格、灌溉流量大小及供水管道中水压力大小等参数，计算灌溉用水量、回退灌水管回退速度，可通过供水管闸阀调整流量大小，使回退灌水管回退速度正好适合灌溉水量的需要，这样就保证了灌入各处的水量相等，实现了均匀灌溉的要求，使灌溉均匀，各处得到的水量相同。

灌溉的同时，肥（药）系统可将肥液或药液和灌溉水一起加入供水管中，可以实现水肥一体化。肥（药）系统供肥（药）量的大小，可以通过肥（药）管闸阀调节，以满足需要为准。随着时间的推移，直至回退灌水管回退到畦（沟）田首，完成该畦田灌溉，再移至下一畦（沟）田中，如此周而复始，直至完成所有的灌溉。

三、具体实施方法

涡轮机可采用铸铁或铸钢或合金材料铸造而成，以增加其刚性和强度；变速装置可采用皮带或齿轮结构形式；管盘可采用硬塑料等材料；当供水管中有水流通过时，涡轮机即可产生旋转运动，通过变速装置，带动管盘旋转，从而可以将回退灌水管回收并旋放在管盘上，使得回退灌水管一边均匀回退、一边输水灌溉；可通过调整供水量大小调节管盘的旋转速度，满足回退灌水管回退速度的需要，从而满足设计灌水定额的需要；供水管采用一般塑料管即可；回退灌水管可采用具有一定强度和挠性的塑料管，要求灌溉过程中，既要保证不被拉断，又能旋放在管盘上，还能保证一定的空间形状，即回退灌水管不被压扁、不漏水，能有足够的过水能力，满足灌溉流量的要求，回退灌水管最好采用 PE 管。

四、管灌区水肥一体化管道均匀回退自动灌溉系统的特点

（1）不需要外动力，方便野外灌溉。

该系统利用输水管道中水具有的能量来自动控制灌溉系统灌溉，这样就省去了外加动力，更方便野外工作。

（2）实现大田作物灌溉自动化，降低劳动强度。

该系统利用输水管道中灌溉水具有的能量，通过专用能量转换装置来自动控制灌溉系统的灌溉工作，在灌溉过程中省去了人力操作，降低了劳动强度，实现了灌溉自动化。

（3）灌水均匀、准确。

由于输水管中流量为等量等压供水的输水形式，通过管道均匀回退装置自动调节，使管灌区水肥一体化管道均匀回退自动灌溉系统的流量大小可调并可保持不变，实现涡轮机的等速旋转，从而实现了动力输出装置的等速旋转，继而实现了回退灌水管的等速移动，加之输水管道中的水流量是等量的，所以通过回退管并输入田间的流量是不变的，供

入田间各处的流量相等,实现了各处灌水的均匀性和准确性。

(4)实现了大田作物灌溉水肥一体化。

利用系统中施肥装置,实现了灌溉、施肥的一体化运作,由于供入田间各处的流量是恒定的,所以也实现了各处灌水量(放肥、药量)的均匀性和准确性,提高了施肥的均匀度,更有利于作物的生长。

(5)适应性强。

由于后移管道直径粗大,对水质要求不高,省去了各种净化、过滤装置,降低了造价;该系统可用于畦灌、沟灌以及各种大田作物的灌溉,具有很强的适应能力。

管灌区水肥一体化管道均匀回退自动灌溉系统设计原理独特,解决了目前我国占主导地位的地面灌溉不均匀、水肥浪费现象严重、影响作物正常生长的矛盾,无论在技术方面,还是使用性能等方面,均产生了质的飞跃,对促进我国灌溉技术的发展具有重要的价值。

第五章 大田水肥一体化自动灌溉理论与技术

目前我国节水灌溉技术虽然有了长足的进步，掌握了若干的节水灌溉技术理论，但多数灌溉技术没能结合我国灌区当地的实际生产需要发展，致使使用不便，没能达到真正意义上的节水。我国所有耕地中，有 50% 的耕地面积能得到灌溉，但在能得到灌溉的面积里面，却有 97% 的面积是地面灌溉，且地面灌溉均采用传统的灌溉方法，即畦灌和沟灌等，灌溉时畦首或沟首渗漏严重，产生深层渗漏，造成水肥的浪费，而畦尾、沟尾处所得到的水分往往不足，致使灌溉均匀度低、水的利用效率低；再者，我国施肥往往是群众根据自己的经验进行，存在着盲目施肥、过量施肥现象，既形成大量的肥料浪费、作物产量降低，又造成环境污染等问题，灌水、施肥技术落后，形成大量的水肥浪费，造成作物产量降低，同时没办法解决水肥一体化问题，灌水、施肥技术落后。

第一节 大田管渠自动灌溉系统

为了解决上述问题，研发了大田管渠自动灌溉系统，能准确地控制各灌溉参数，使灌水更加均匀，提高灌溉水的利用率，实现自动化节水灌溉，降低劳动强度，缓解我国水资源紧缺现状。大田管渠自动灌溉系统是一种非常适合我国地面节水灌溉技术的自动灌溉系统，可在现有管道输水的广大灌区，利用管道中水流作为动力，实现田间自动均匀灌溉的系统。

使用本装置进行农田灌溉，在外动力作用下，可实现自动灌溉，没有对水质的特殊限制，有利于地面灌溉技术参数调控，有利于地面节水灌溉技术的推广，可规模化生产，使用方便、灵活，省工、省力，灌水均匀度高。

一、系统构成

大田管渠自动灌溉系统包括田间管渠系统和动力装置。

如图 5-1 ~ 图 5-4 所示，田间管渠配套系统包括供水管、管渠、牵引绳、滑轮和闸阀；供水管为密封管道，设置在畦田或沟田田面较高的一端，供水管出口布设在较高一端的管渠正上方，可保证供水管的出水一直流入到管渠内；管渠为一顶部开口而两端封堵的、具有一定强度、刚度的管道，管渠横断面可为圆形槽状、U 形槽状或矩形槽状；塞阀放置在管渠中，在牵引绳的牵引作用下，可以在管渠内移动，但塞阀不能跑出管渠；在相邻的两条灌水畦或灌水沟首部和尾部的两端地面上，各对应地安装有两个滑轮，再将牵引绳环套在四个滑轮上，并将塞阀与牵引绳连接，当牵引绳移动时，可以牵引塞阀在管渠内运移，同时牵引绳采用缠绕的方式与动力装置的动力输出轴连接；牵引绳在动力输出轴输出的旋转机械能的带动下，绕着四个滑轮运移，从而控制与牵引绳连接的塞阀按一定的速度在管渠内移动；闸阀设置在进水管上，通过调节闸阀开度调节进水管中水流量大小，满足灌溉用水量的要求;动力装置可采用电动机或柴油机等,只要可以输出旋转机械能即可,电动机或柴油机产生旋转机械能,通过变速箱将旋转机械能传递到动力输出轴上,并控制动力输出轴的旋转速度,动力输出轴与牵引绳连接,从而控制牵引绳的移动速度,由于牵引绳与塞阀连接,继而控制塞阀移动速度,由于动力输出轴的转动速度是恒定的,所以塞阀的移动速度可以实现等速移动,保证了管渠在畦田和沟田轴线方向上向田间供水的恒定性,实现了灌溉的均匀性,大大提高了灌水的均匀度。

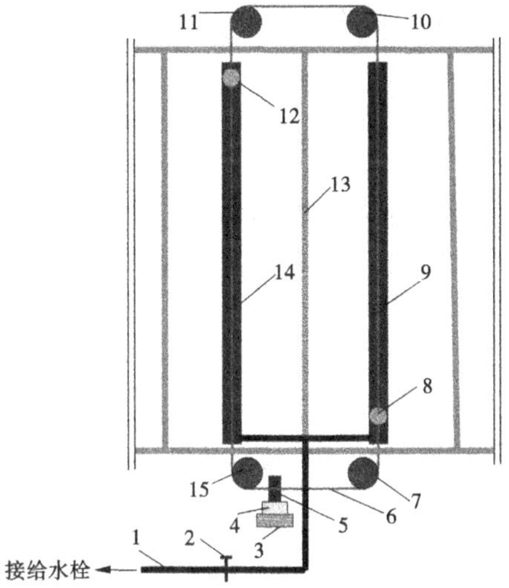

1—供水管;2—闸阀; 3—动力装置;4—变速箱;5—动力输出轴;
6—牵引绳; 7—滑轮 a; 8—塞阀 a; 9—管渠 a; 10—滑轮 c;
11—滑轮 d; 12—塞阀 b; 13—田埂;14—管渠 b; 15—滑轮 b

图 5-1　大田管渠自动灌溉系统

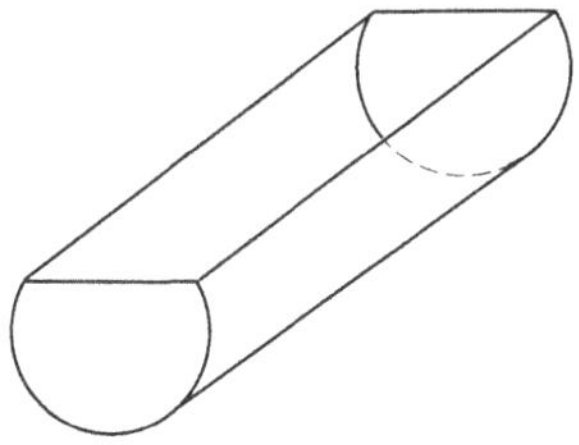

图 5-2　圆形槽状管渠示意图

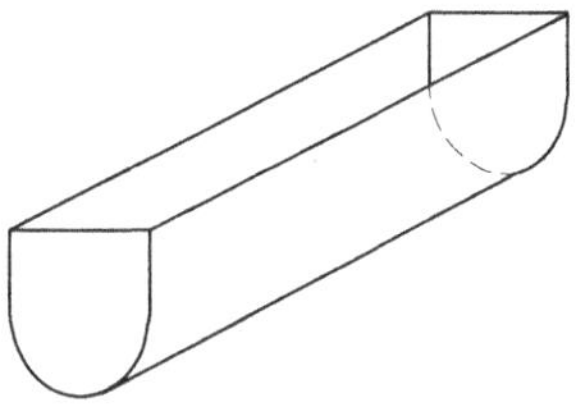

图 5-3　U 形槽状管渠示意图

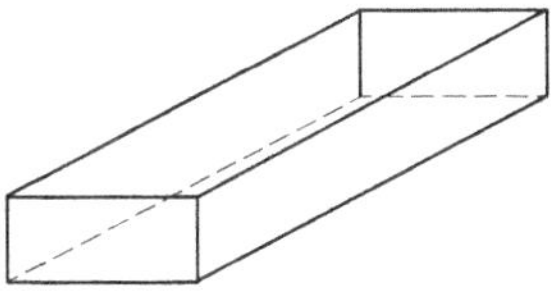

图 5-4　矩形槽状管渠示意图

二、具体实施方法

管渠需要特殊制造，管渠应具有一定的强度和刚性，且不漏水，还能保证一定的空间形状，能有足够的过水能力，满足灌溉流量的要求，为降低投资，可采用塑料管；滑轮最好采用塑料质地的滑轮，既保证了足够的强度和刚性，又减轻了重量，灵巧方便；牵引绳可采用细钢索或其他有一定抗拉强度和挠性的材料制成；塞阀可根据管渠的断面形状，在市场上购买或自己制作；动力装置可在市场上购买；变速箱也可根据变速要求自己定制或在市场上购买。

三、工作原理及过程

本系统工作时，首先按照图 5-1 将装置固定好，由于传动轴通过变速箱在动力装置的作用下产生了转动，动力输出轴和牵引绳连接在一起，所以此时牵引绳会产生运移，绕着固定在地面上的滑轮移动，由于牵引绳与塞阀相连，所以可以带动塞阀运移；水流由供水管流出后，直接注入管渠中，由管渠向畦尾或沟尾方向流动，由于塞阀的阻挡作用，水将由塞阀处溢流出管渠，而进入田间；管渠铺设在畦田或沟田中；由于畦田或沟田都有一定的坡度，即一端高一端低，所以管渠也会一端高一端低，即管渠也有一定的坡度，并与畦田或沟田的坡度相等；由于供水管布设在田面较高的一端，将灌溉水输送到管渠里后，在重力作用下，水流会通过管渠较高的一端流向管渠较低的一端，这样，水流会在管渠内沿着畦田或沟田的坡度方向向前流动，在遇到塞阀的地方，由于塞阀的阻挡作用，水流不能再沿着管渠向前流动，只能溢出管渠，进入畦田或沟田，供给灌溉使用。

为了平衡牵引塞阀时的阻力，提高工作效率，可同时进行两条管渠的灌溉工作，并且一条管渠从管渠首部开始(如管渠 a 中的塞阀 a)，而另一条管渠从尾部开始工作(如管渠 b 中的塞阀 b)，这样两个塞阀都受到水流的冲力，以减轻动力输出装置的输出能量。如塞阀 a 会在管渠 a 内，由首部向尾部均匀、准确地移动，管渠 a 内的水流由于塞阀 a 的阻挡，会自动、均匀地在沿着畦田或沟田的首部向尾部方向上，由管渠 a 中溢流而出，使管渠 a 内的水流在管渠 a 的沿途上均匀向畦田或沟田溢流供水；而此时塞阀 b 会在管渠 b 内，由尾部向首部均匀、准确地移动，则管渠 b 内的水流由于塞阀 b 的阻挡，会自动、均匀地在沿着畦田或沟田的尾部向首部方向上，由管渠 b 中溢流而出，使管渠 b 内的水流在管渠 b 的沿途上均匀向畦田或沟田溢流供水。这样，管渠能均匀、准确地控制各点的灌溉水量，实现自动、准确灌溉。

根据灌溉制度、灌溉定额、畦田规格、灌溉流量大小及输水管道中水压力大小等参数，计算灌溉用水量、塞阀运移速度，可通过进水管道上设置的闸阀开度来调整通过涡轮动力输出装置的流量大小，使塞阀移动速度正好适合灌溉水量的需要，同时当塞阀移动时，会自动匀速移动，这样就保证了灌入各处的水量相等，实现了均匀灌溉的要求，使灌溉均匀，各处得到的水量相同。

为了使灌溉尽量连续，在系统灌溉过程中，由人工方式提前在下两畦田或两沟田中提前布设好牵引绳和滑轮，当上两畦或两沟灌完后，将动力输出装置移到下一位置，并与细钢索连接，这样又形成了一个新的大田管渠自动灌溉系统，在动力输出装置作用下，又可以自动完成该畦田或沟田的灌溉，如此周而复始，直至完成所有的灌溉。

四、系统特点

(1)能自动灌溉，降低劳动强度。

该系统利用动力装置，控制灌溉系统而自动完成灌溉，在灌溉过程中省去了人的劳动，降低了劳动强度。

(2)灌水均匀、准确，节水效果好。

通常情况下，使用常规动力(电动机或内燃机等)作为灌溉系统的动力装置，动力装置输出的转速是稳定的，从而实现了动力输出轴的等速旋转，控制牵引绳的运移速度，可准确控制塞阀的移动速度，加之输水管道中的水流量是等量的，从而准确地控制管渠内水流的溢流流量，所以供入田间各处的流量是不变的，实现了大田作物的准确定量灌溉，减免了人为的干扰，提高了各处灌水的均匀性和准确性，具有很好的节水效果。

大田管渠自动灌溉系统解决了目前我国占主导地位的地面灌溉不均匀，水量浪费严重的问题，可以在很大程度上提高我国灌溉水利用率及地面灌溉均匀度。

第二节　以渠道内灌溉水为动力的大田水肥一体化自动管渠灌溉系统

由于我国的地面灌溉大都采用传统的灌水方法，畦首或沟首渗漏严重，灌溉均匀度低，水的利用效率低下；再者，我国施肥往往是群众根据自己的经验进行，存在着盲目施肥、过量施肥现象，既造成大量的肥料浪费、作物产量降低，又造成环境污染等问题，灌水、施肥技术落后。

为了解决上述问题，在大田管渠自动灌溉系统研究的基础上，研发了以渠道内灌溉水为动力的大田水肥一体化自动管渠灌溉系统，能准确地控制各灌溉参数、施肥参数，使灌水、施肥更加均匀，提高水、肥的利用率，同时能实现在渠道输配水条件下，以渠道内灌溉水为动力的水肥一体化自动灌溉，降低劳动强度，提高作物产量，缓解我国水资源紧缺现状，是一种非常适合我国节水灌溉技术的自动灌溉系统，可在现有的以渠道输水的广大灌区，实现田间自动均匀灌溉、施肥、施药。

使用本装置进行农田灌溉，以灌溉水为动力，可实现自动灌溉、施肥、施药，没有对水质的特殊限制，有利于灌溉技术参数及施肥(药)参数的调控，有利于节水灌溉技术的推广，可规模化生产，使用方便、灵活，省工、省力，灌水均匀度高。

一、系统构成

如图5-5～图5-7所示，是一种以渠道内灌溉水为动力的大田水肥一体化自动管渠灌溉系统，由水动力系统、田间管渠系统和药(肥)系统三部分组成。

(1)水动力系统。主要由水轮、水轮支架、水轮轴、传动带、从动轮、变速箱、动力输出轴构成。水轮通过水轮轴固定在水轮支架上，而水轮支架固定在渠道上，水轮能在渠道内水流冲击作用下绕着水轮轴转动，水轮及水轮轴要求有足够的强度和刚度，在工作过程

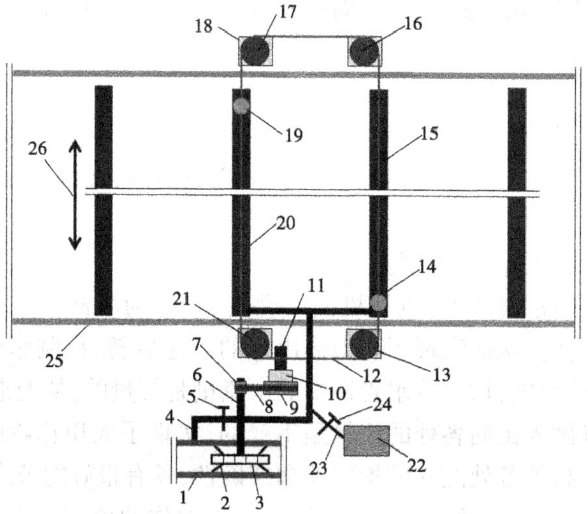

1—渠道;2—水轮支架; 3—水轮; 4—供水管;5—闸阀; 6—水轮轴;7—主动轮;
8—传动带; 9—从动轮;10—变速箱;11—动力输出轴; 12—牵引绳;13—滑轮 a;14—塞阀 a; 15—管渠 a;
16—滑轮 b; 17—滑轮 c;18—滑轮座;19—塞阀 b;20—管渠 b;21—滑轮 d; 22—药(肥)装置;
23—药(肥)管道;24—药(肥)管道闸阀;25—农田横向田埂;26—种植方向

图 5-5　以渠道内灌溉水为动力的大田水肥一体化自动管渠灌溉系统

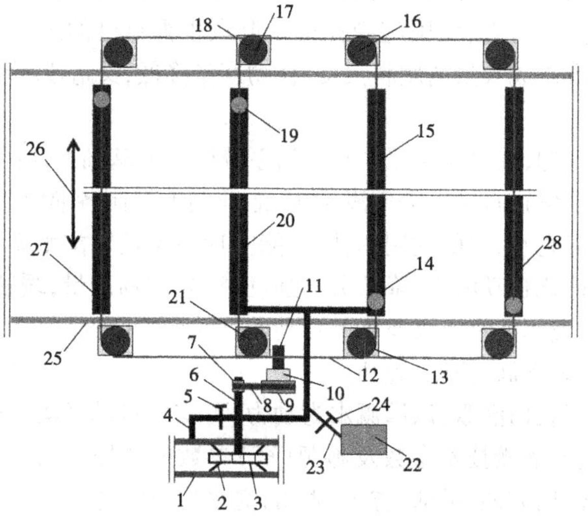

1—渠道;2—水轮支架; 3—水轮; 4—供水管;5—闸阀; 6—水轮轴;
7—主动轮;8—传动带; 9—从动轮;10—变速箱;
11—动力输出轴; 12—牵引绳; 13—滑轮 a;14—塞阀 a; 15—管渠 a;
16—滑轮 b ; 17—滑轮 c; 18—滑轮座;19—塞阀 b; 20—管渠 b;
21—滑轮 d; 22—药(肥)装置; 23—药(肥)管道;24—药(肥)管道闸阀;25—农田横向田埂;
26—种植方向;27—管渠 c;28—管渠 d

图 5-6　四条管渠同时工作的大田水肥一体化自动管渠灌溉系统

中,不产生变形、破坏等现象;水轮支架可由金属或塑料等材料构成,要求有足够的强度和刚度,在工作过程中,不产生变形、破坏等现象,水轮支架可通过地锚等部件固定在渠道上;主动轮固定在水轮轴轴端;传动带可采用平皮带或三角带,传动带环套在主动轮和从动轮上,当水轮转动时,可通过传动带带动从动轮转动;从动轮与变速箱相连;动力输出轴亦与变速箱连接,从动轮通过变速箱,将水轮轴上产生的旋转机械能传递到动力输出轴上,并控制动力输出轴的旋转速度。

(2)田间管渠系统。包括供水管、管渠、牵引绳、滑轮、塞阀和闸阀。为使塞阀在管渠内移动方便,管渠横断面可设计为椭圆形(见图5-7)、圆形槽状或U形槽状。牵引绳与动力输出轴相连,可由动力输出轴的转速来控制牵引绳的移动速度,牵引绳可由具有一定抗拉强度和一定挠性的材料制成,如细钢丝、尼龙等材料;在相邻的两条管渠首部和尾部的两端农田横向田埂以外的地面上,各对应地安装有两个滑轮,滑轮可通过滑轮轴固定在滑轮座上,滑轮座修筑在地面上,这样可将牵引绳环套在四个滑轮上,同时牵引绳采用缠绕方式与动力装置的动力输出轴连接,牵引绳在动力输出轴输出的旋转机械能的带动下,绕着四个滑轮运移;塞阀放置在管渠内,与牵引绳连接,塞阀可在牵引绳的牵引作用下在管渠内移动,但塞阀不能跑出管渠,且塞阀与管渠接触要良好,能阻止管渠内的水通过塞阀与管臂的接触缝隙中流向塞阀下游,塞阀的移动速度由动力输出轴的转速控制牵引绳的移动速度来实现,当上游渠道中流量一定时,水轮转速一定,经过变速箱调整后,动力输出轴的转动速度是恒定的,塞阀的移动速度可以实现等速移动,当塞阀移动时,管渠内的水由于受到塞阀的阻挡,可沿着管渠两侧的管臂向外溢流,这样可使管渠在作物种植方向上向田间供水的水量相等,保证了向田间供水的恒定性、稳定性,实现了灌溉的均匀性,大大提高了灌水的均匀度。

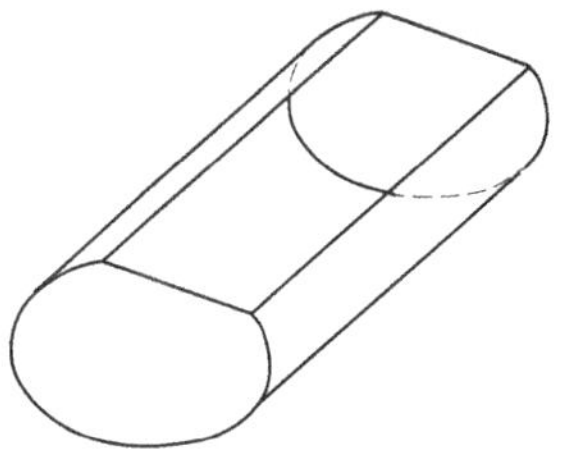

图5-7　椭圆形管渠

(3)药(肥)系统。主要由药(肥)罐、药(肥)管道、药(肥)管道闸阀等构成。药(肥)罐是用于放置药液或肥液的罐子,药(肥)罐中的药液或肥液预先按一定比例由人工方式配好;在药(肥)罐底部连接有一条药(肥)管道,药(肥)管道上设有药(肥)管道闸阀,用以调控药液、肥液的流量,为使药(肥)系统更加简化,药(肥)管道与供水管相连,能使药液或肥液直接注入供水管中,可使药液或肥液随着灌溉水一起流入管渠,随着灌溉可完成施肥、放药任务,节省了劳动力,提高了施肥、施药的均匀性。

二、具体实施方式

管渠需要特殊制造,管渠应具有一定的强度和刚性,且不漏水,还能保证一定的空间形状,能有足够的过水能力,满足灌溉流量的要求,为降低投资,可采用硬塑料管;滑轮最好采用塑料质地的滑轮,既保证了足够的强度和刚性,又减轻了重量,灵巧方便;滑轮座可采用浆砌石或混凝土结构;牵引绳可采用细钢丝、尼龙或其他有一定抗拉强度和挠性的材料制成;塞阀可根据管渠的断面形状,到市场上购买或自己制作,能保证塞阀与管渠的管臂之间不漏水;水轮可由木料、塑料或金属材料等构成,水轮可根据所需要的输出动力大小设计制作;变速箱也可根据变速要求自己定制或在市场上购买。

三、工作原理及过程

以渠道内灌溉水为动力的大田水肥一体化自动管渠灌溉系统工作时，首先按照图5-5将装置固定好。当渠道中有水流通过时，水流冲击水轮转动，带动水轮轴转动，从而带动主动轮转动，再通过传动带带动从动轮转动，经由变速箱改变转速后，带动动力输出轴转动，动力输出轴和牵引绳连接在一起，所以此时牵引绳会产生运移，绕着固定在地面上的滑轮移动，由于牵引绳与塞阀相连，所以可以带动塞阀运移；由于农田在种植方向上都有一定的坡度，即一端高一端低，所以管渠也会一端高一端低，即管渠也有一定的坡度，并与农田坡度相等；由于供水管布设在田面较高的一端，渠道内的水流由供水管流出后，直接注入管渠中，在重力作用下，水流会通过管渠较高的一端流向管渠较低的一端，这样，水流会在管渠内沿着种植方向向前流动，在遇到塞阀的地方，由于塞阀的阻挡作用，水流不能再沿着管渠向前流动，只能溢出管渠，从而进入农田，供给灌溉使用。

为了平衡牵引塞阀时的阻力，提高工作效率，可同时进行两条管渠的灌溉工作，如图5-5所示，并且一条管渠从管渠首部开始工作（如管渠a中的塞阀a），而另一条管渠从尾部开始工作（如管渠b中的塞阀b），这样两个塞阀都受到水流的压力作用，抵消了水流对塞阀的水压力，塞阀移动时，只要克服塞阀与管渠管臂之间的摩擦力就可以工作了，这样减轻了对动力输出装置的输出能量的要求。如塞阀a会在管渠a内，由种植方向的首部（地面较高的一端）向尾部（地面较低的一端）均匀地移动，管渠a内的水流由于塞阀a的阻挡，会自动、均匀地在沿着种植方向上，由首部向尾部的沿途溢流而出，使管渠a内的水流在管渠a的沿途均匀向农田溢流供水；而此时塞阀b会在管渠b内，由尾部向首部均匀地移动，则管渠b内的水流由于塞阀b的阻挡，会自动、均匀地在沿着种植方向由尾部向首部的沿途溢流而出，使管渠b内的水流在管渠b的沿途均匀向农田溢流供水。这样，管渠能均匀、准确地控制各点的灌溉水量，实现自动、准确灌溉。

塞阀的移动速度应根据灌溉制度、管渠间距、作物种植长度、灌溉流量大小等参数计算确定，使塞阀移动速度适合灌溉水量的需要，同时当塞阀移动时，会自动匀速移动，这样就保证了灌入各处的水量相等，实现了均匀灌溉的要求，使灌溉均匀，各处得到的水量相同。

系统在供水管上设置有药（肥）系统，可将药液或肥液和灌溉水一起加入供水管中，实现水肥一体化。这样，由于各处得到的水量相同，则各处得到的肥药量也相同，实现了水肥一体均匀化灌溉。

为了使灌溉工作连续进行，在灌溉过程中，由人工方式提前在下一灌溉组中布设好牵引绳和滑轮，当上一灌溉组灌完后，将动力输出装置移到下一位置，并与牵引绳连接，这样又形成了一个新一轮的大田水肥一体化自动管渠灌溉系统，又可以自动完成该灌溉组的灌溉，如此周而复始，直至完成所有的灌溉。

为了提高灌溉的工作效率，在动力输出能满足的条件下，还可以同时进行四条管渠的灌溉工作，如管渠a和管渠b组合、管渠c和管渠d组合，或者管渠a和管渠c组合、管渠b和管渠d组合，均可以实现自动灌溉，如图5-6所示。

四、系统特点

使用灌溉水流为动力，驱动水轮转动，作为灌溉系统的动力装置，控制牵引绳的运移速度，可准确控制塞阀的移动速度，从而准确地控制管渠内水流的溢流位置和溢流流量，实现了田间作物的准确定量灌溉、定量施肥（药），实现了田间水肥一体化自动灌溉，减免了人为的干扰，提高了各处灌水和施肥（药）的均匀性和准确性。具体为：

（1）研发了以渠道中的灌溉用水做动力源的水动力系统。水动力系统主要由水轮、水轮支架、水轮轴、传动带、从动轮、变速箱、动力输出轴构成，省去了电动机、内燃机等外加动力，更方便野外大田灌溉。

（2）利用渠道中的灌溉用水做动力，实现了大田灌溉的自动化，实现了大田作物的准确定量灌溉，降低了劳动强度。减免了人工灌溉造成的干扰，提高了各处灌水的均匀性和准确性。

（3）利用药（肥）系统，实现了灌溉、施肥的一体化运作，提高了施肥（药）的均匀度、准确性及利用率。由于动力装置输出的转速是稳定的，继而实现了塞阀的等速移动，所以供入田间各处的水量、肥（药）量是不变的，实现了各处灌水、施肥、施药的均匀性和准确性，更有利于作物的生长，提高作物的产量和品质。

以渠道内灌溉水为动力的大田水肥一体化自动管渠灌溉系统设计原理独特，解决了目前我国占主导地位的地面灌溉不均匀，水量、施肥（药）量浪费严重等问题，无论在理论上、技术上，还是使用性能等方面，都取得了较大进步，可以在很大程度上提高我国灌溉水、肥（药）利用率及地面灌溉、施肥（药）的均匀度，节约水资源及肥（药）用量，提高作物产量及品质。